"十二五"国家重点出版规划项目

雷达与探测前沿技术丛书

多脉冲激光雷达

Multi-pulse Laser Ranging Radar

马鹏阁　羊毅　著

国防工业出版社

·北京·

内 容 简 介

本书针对激光目标探测,从实际工程应用角度出发,较详细地阐述了多脉冲激光测距及单光子测距两种体制下的系统组成、工作原理、测距方程、激光目标信号模型、回波信号处理技术及目标探测算法等关键技术,通过对两种远程激光目标探测体制的探讨,力争让读者对基于脉冲测距的激光雷达探测有直观的认识和理解。

本书可作为从事激光雷达研制、生产和应用的工程技术人员的参考书,也可作为大学生、研究生的专业用书。

图书在版编目(CIP)数据

多脉冲激光雷达 / 马鹏阁,羊毅著. —北京:国防工业出版社,2017.12
 (雷达与探测前沿技术丛书)
 ISBN 978 – 7 – 118 – 11505 – 5

Ⅰ. ①多… Ⅱ. ①马… ②羊… Ⅲ. ①激光雷达
Ⅳ. ①TN958.98

中国版本图书馆 CIP 数据核字(2018)第 010676 号

※

*国防工业出版社*出版发行
(北京市海淀区紫竹院南路23号 邮政编码100048)
天津嘉恒印务有限公司印刷
新华书店经售
*
开本710×1000 1/16 印张12½ 字数235千字
2017年12月第1版第1次印刷 印数1—3000册 定价75.00元

(本书如有印装错误,我社负责调换)

国防书店:(010)88540777   发行邮购:(010)88540776
发行传真:(010)88540755   发行业务:(010)88540717

总　序

雷达在第二次世界大战中初露头角。战后,美国麻省理工学院辐射实验室集合各方面的专家,总结战争期间的经验,于1950年前后出版了一套雷达丛书,共28个分册,对雷达技术做了全面总结,几乎成为当时雷达设计者的必备读物。我国的雷达研制也从那时开始,经过几十年的发展,到21世纪初,我国雷达技术在很多方面已进入国际先进行列。为总结这一时期的经验,中国电子科技集团公司曾经组织老一代专家撰著了"雷达技术丛书",全面总结他们的工作经验,给雷达领域的工程技术人员留下了宝贵的知识财富。

电子技术的迅猛发展,促使雷达在内涵、技术和形态上快速更新,应用不断扩展。为了探索雷达领域前沿技术,我们又组织编写了本套"雷达与探测前沿技术丛书"。与以往雷达相关丛书显著不同的是,本套丛书并不完全是作者成熟的经验总结,大部分是专家根据国内外技术发展,对雷达前沿技术的探索性研究。内容主要依托雷达与探测一线专业技术人员的最新研究成果、发明专利、学术论文等,对现代雷达与探测技术的国内外进展、相关理论、工程应用等进行了广泛深入研究和总结,展示近十年来我国在雷达前沿技术方面的研制成果。本套丛书的出版力求能促进从事雷达与探测相关领域研究的科研人员及相关产品的使用人员更好地进行学术探索和创新实践。

本套丛书保持了每一个分册的相对独立性和完整性,重点是对前沿技术的介绍,读者可选择感兴趣的分册阅读。丛书共41个分册,内容包括频率扩展、协同探测、新技术体制、合成孔径雷达、新雷达应用、目标与环境、数字技术、微电子技术八个方面。

（一）雷达频率迅速扩展是近年来表现出的明显趋势,新频段的开发、带宽的剧增使雷达的应用更加广泛。本套丛书遴选的频率扩展内容的著作共4个分册:

（1）《毫米波辐射无源探测技术》分册中没有讨论传统的毫米波雷达技术,而是着重介绍毫米波热辐射效应的无源成像技术。该书特别采用了平方千米阵的技术概念,这一概念在用干涉式阵列基线的测量结果来获得等效大口径阵列效果的孔径综合技术方面具有重要的意义。

（2）《太赫兹雷达》分册是一本较全面介绍太赫兹雷达的著作，主要包括太赫兹雷达系统的基本组成和技术特点、太赫兹雷达目标检测以及微动目标检测技术，同时也讨论了太赫兹雷达成像处理。

（3）《机载远程红外预警雷达系统》分册考虑到红外成像和告警是红外探测的传统应用，但是能否作为全空域远距离的搜索监视雷达，尚有诸多争议。该书主要讨论用监视雷达的概念如何解决红外极窄波束、全空域、远距离和数据率的矛盾，并介绍组成红外监视雷达的工程问题。

（4）《多脉冲激光雷达》分册从实际工程应用角度出发，较详细地阐述了多脉冲激光测距及单光子测距两种体制下的系统组成、工作原理、测距方程、激光目标信号模型、回波信号处理技术及目标探测算法等关键技术，通过对两种远程激光目标探测体制的探讨，力争让读者对基于脉冲测距的激光雷达探测有直观的认识和理解。

（二）传输带宽的急剧提高，赋予雷达协同探测新的使命。协同探测会导致雷达形态和应用发生巨大的变化，是当前雷达研究的热点。本套丛书遴选出协同探测内容的著作共 10 个分册：

（1）《雷达组网技术》分册从雷达组网使用的效能出发，重点讨论点迹融合、资源管控、预案设计、闭环控制、参数调整、建模仿真、试验评估等雷达组网新技术的工程化，是把多传感器统一为系统的开始。

（2）《多传感器分布式信号检测理论与方法》分册主要介绍检测级、位置级（点迹和航迹）、属性级、态势评估与威胁估计五个层次中的检测级融合技术，是雷达组网的基础。该书主要给出各类分布式信号检测的最优化理论和算法，介绍考虑到网络和通信质量时的联合分布式信号检测准则和方法，并研究多输入多输出雷达目标检测的若干优化问题。

（3）《分布孔径雷达》分册所描述的雷达实现了多个单元孔径的射频相参合成，获得等效于大孔径天线雷达的探测性能。该书在概述分布孔径雷达基本原理的基础上，分别从系统设计、波形设计与处理、合成参数估计与控制、稀疏孔径布阵与测角、时频相同步等方面做了较为系统和全面的论述。

（4）《MIMO 雷达》分册所介绍的雷达相对于相控阵雷达，可以同时获得波形分集和空域分集，有更加灵活的信号形式，单元间距不受 $\lambda/2$ 的限制，间距拉开后，可组成各类分布式雷达。该书比较系统地描述多输入多输出（MIMO）雷达。详细分析了波形设计、积累补偿、目标检测、参数估计等关键技术。

（5）《MIMO 雷达参数估计技术》分册更加侧重讨论各类 MIMO 雷达的算法。从 MIMO 雷达的基本知识出发,介绍均匀线阵,非圆信号,快速估计,相干目标,分布式目标,基于高阶累计量的、基于张量的、基于阵列误差的、特殊阵列结构的 MIMO 雷达目标参数估计的算法。

（6）《机载分布式相参射频探测系统》分册介绍的是 MIMO 技术的一种工程应用。该书针对分布式孔径采用正交信号接收相参的体制,分析和描述系统处理架构及性能、运动目标回波信号建模技术,并更加深入地分析和描述实现分布式相参雷达杂波抑制、能量积累、布阵等关键技术的解决方法。

（7）《机会阵雷达》分册介绍的是分布式雷达体制在移动平台上的典型应用。机会阵雷达强调根据平台的外形,天线单元共形随遇而布。该书详尽地描述系统设计、天线波束形成方法和算法、传输同步与单元定位等关键技术,分析了美国海军提出的用于弹道导弹防御和反隐身的机会阵雷达的工程应用问题。

（8）《无源探测定位技术》分册探讨的技术是基于现代雷达对抗的需求应运而生,并在实战应用需求越来越大的背景下快速拓展。随着知识层面上认知能力的提升以及技术层面上带宽和传输能力的增加,无源侦察已从单一的测向技术逐步转向多维定位。该书通过充分利用时间、空间、频移、相移等多维度信息,寻求无源定位的解,对雷达向无源发展有着重要的参考价值。

（9）《多波束凝视雷达》分册介绍的是通过多波束技术提高雷达发射信号能量利用效率以及在空、时、频域中减小处理损失,提高雷达探测性能;同时,运用相位中心凝视方法改进杂波中目标检测概率。分册还涉及短基线雷达如何利用多阵面提高发射信号能量利用效率的方法;针对长基线,阐述了多站雷达发射信号可形成凝视探测网格,提高雷达发射信号能量的使用效率;而合成孔径雷达(SAR)系统应用多波束凝视可降低发射功率,缓解宽幅成像与高分辨之间的矛盾。

（10）《外辐射源雷达》分册重点讨论以电视和广播信号为辐射源的无源雷达。详细描述调频广播模拟电视和各种数字电视的信号,减弱直达波的对消和滤波的技术;同时介绍了利用 GPS(全球定位系统)卫星信号和 GSM/CDMA(两种手机制式)移动电话作为辐射源的探测方法。各种外辐射源雷达,要得到定位参数和形成所需的空域,必须多站协同。

（三）以新技术为牵引,产生出新的雷达系统概念,这对雷达的发展具有里程碑的意义。本套丛书遴选了涉及新技术体制雷达内容的6个分册:

（1）《宽带雷达》分册介绍的雷达打破了经典雷达5MHz带宽的极限,同时雷达分辨力的提高带来了高识别率和低杂波的优点。该书详尽地讨论宽带信号的设计、产生和检测方法。特别是对极窄脉冲检测进行有益的探索,为雷达的进一步发展提供了良好的开端。

（2）《数字阵列雷达》分册介绍的雷达是用数字处理的方法来控制空间波束,并能形成同时多波束,比用移相器灵活多变,已得到了广泛应用。该书全面系统地描述数字阵列雷达的系统和各分系统的组成。对总体设计、波束校准和补偿、收/发模块、信号处理等关键技术都进行了详细描述,是一本工程性较强的著作。

（3）《雷达数字波束形成技术》分册更加深入地描述数字阵列雷达中的波束形成技术,给出数字波束形成的理论基础、方法和实现技术。对灵巧干扰抑制、非均匀杂波抑制、波束保形等进行了深入的讨论,是一本理论性较强的专著。

（4）《电磁矢量传感器阵列信号处理》分册讨论在同一空间位置具有三个磁场和三个电场分量的电磁矢量传感器,比传统只用一个分量的标量阵列处理能获得更多的信息,六分量可完备地表征电磁波的极化特性。该书从几何代数、张量等数学基础到阵列分析、综合、参数估计、波束形成、布阵和校正等问题进行详细讨论,为进一步应用奠定了基础。

（5）《认知雷达导论》分册介绍的雷达可根据环境、目标和任务的感知,选择最优化的参数和处理方法。它使得雷达数据处理及反馈从粗犷到精细,彰显了新体制雷达的智能化。

（6）《量子雷达》分册的作者团队搜集了大量的国外资料,经探索和研究,介绍从基本理论到传输、散射、检测、发射、接收的完整内容。量子雷达探测具有极高的灵敏度,更高的信息维度,在反隐身和抗干扰方面优势明显。经典和非经典的量子雷达,很可能走在各种量子技术应用的前列。

（四）合成孔径雷达(SAR)技术发展较快,已有大量的著作。本套丛书遴选了有一定特点和前景的5个分册:

（1）《数字阵列合成孔径雷达》分册系统阐述数字阵列技术在SAR中的应用,由于数字阵列天线具有灵活性并能在空间产生同时多波束,雷达采集的同一组回波数据,可处理出不同模式的成像结果,比常规SAR具备更多的新能力。该书着重研究基于数字阵列SAR的高分辨力宽测绘带SAR成像、极化层析 SAR 三维成像和前视 SAR 成像技术三种新能力。

（2）《双基合成孔径雷达》分册介绍的雷达配置灵活，具有隐蔽性好、抗干扰能力强、能够实现前视成像等优点，是 SAR 技术的热点之一。该书较为系统地描述了双基 SAR 理论方法、回波模型、成像算法、运动补偿、同步技术、试验验证等诸多方面，形成了实现技术和试验验证的研究成果。

（3）《三维合成孔径雷达》分册描述曲线合成孔径雷达、层析合成孔径雷达和线阵合成孔径雷达等三维成像技术。重点讨论各种三维成像处理算法，包括距离多普勒、变尺度、后向投影成像、线阵成像、自聚焦成像等算法。最后介绍三维 MIMO-SAR 系统。

（4）《雷达图像解译技术》分册介绍的技术是指从大量的 SAR 图像中提取与挖掘有用的目标信息，实现图像的自动解译。该书描述高分辨 SAR 和极化 SAR 的成像机理及相应的相干斑抑制、噪声抑制、地物分割与分类等技术，并介绍舰船、飞机等目标的 SAR 图像检测方法。

（5）《极化合成孔径雷达图像解译技术》分册对极化合成孔径雷达图像统计建模和参数估计方法及其在目标检测中的应用进行了深入研究。该书研究内容为统计建模和参数估计及其国防科技应用三大部分。

（五）雷达的应用也在扩展和变化，不同的领域对雷达有不同的要求，本套丛书在雷达前沿应用方面遴选了 6 个分册：

（1）《天基预警雷达》分册介绍的雷达不同于星载 SAR，它主要观测陆海空天中的各种运动目标，获取这些目标的位置信息和运动趋势，是难度更大、更为复杂的天基雷达。该书介绍天基预警雷达的星星、星空、MIMO、卫星编队等双/多基地体制。重点描述了轨道覆盖、杂波与目标特性、系统设计、天线设计、接收处理、信号处理技术。

（2）《战略预警雷达信号处理新技术》分册系统地阐述相关信号处理技术的理论和算法，并有仿真和试验数据验证。主要包括反导和飞机目标的分类识别、低截获波形、高速高机动和低速慢机动小目标检测、检测识别一体化、机动目标成像、反投影成像、分布式和多波段雷达的联合检测等新技术。

（3）《空间目标监视和测量雷达技术》分册论述雷达探测空间轨道目标的特色技术。首先涉及空间编目批量目标监视探测技术，包括空间目标监视相控阵雷达技术及空间目标监视伪码连续波雷达信号处理技术。其次涉及空间目标精密测量、增程信号处理和成像技术，包括空间目标雷达精密测量技术、中高轨目标雷达探测技术、空间目标雷达成像技术等。

（4）《平流层预警探测飞艇》分册讲述在海拔约20km的平流层,由于相对风速低、风向稳定,从而适合大型飞艇的长期驻空,定点飞行,并进行空中预警探测,可对半径500km区域内的地面目标进行长时间凝视观察。该书主要介绍预警飞艇的空间环境、总体设计、空气动力、飞行载荷、载荷强度、动力推进、能源与配电以及飞艇雷达等技术,特别介绍了几种飞艇结构载荷一体化的形式。

（5）《现代气象雷达》分册分析了非均匀大气对电磁波的折射、散射、吸收和衰减等气象雷达的基础,重点介绍了常规天气雷达、多普勒天气雷达、双偏振全相参多普勒天气雷达、高空气象探测雷达、风廓线雷达等现代气象雷达,同时还介绍了气象雷达新技术、相控阵天气雷达、双/多基地天气雷达、声波雷达、中频探测雷达、毫米波测云雷达、激光测风雷达。

（6）《空管监视技术》分册阐述了一次雷达、二次雷达、应答机编码分配、S模式、多雷达监视的原理。重点讨论广播式自动相关监视（ADS-B）数据链技术、飞机通信寻址报告系统（ACARS）、多点定位技术（MLAT）、先进场面监视设备（A-SMGCS）、空管多源协同监视技术、低空空域监视技术、空管技术。介绍空管监视技术的发展趋势和民航大国的前瞻性规划。

（六）目标和环境特性,是雷达设计的基础。该方向的研究对雷达匹配目标和环境的智能设计有重要的参考价值。本套丛书对此专题遴选了4个分册:

（1）《雷达目标散射特性测量与处理新技术》分册全面介绍有关雷达散射截面积（RCS）测量的各个方面,包括RCS的基本概念、测试场地与雷达、低散射目标支架、目标RCS定标、背景提取与抵消、高分辨力RCS诊断成像与图像理解、极化测量与校准、RCS数据的处理等技术,对其他微波测量也具有参考价值。

（2）《雷达地海杂波测量与建模》分册首先介绍国内外地海面环境的分类和特征,给出地海杂波的基本理论,然后介绍测量、定标和建库的方法。该书用较大的篇幅,重点阐述地海杂波特性与建模。杂波是雷达的重要环境,随着地形、地貌、海况、风力等条件而不同。雷达的杂波抑制,正根据实时的变化,从粗犷走向精细的匹配,该书是现代雷达设计师的重要参考文献。

（3）《雷达目标识别理论》分册是一本理论性较强的专著。以特征、规律及知识的识别认知为指引,奠定该书的知识体系。首先介绍雷达目标识别的物理与数学基础,较为详细地阐述雷达目标特征提取与分类识别、知识辅助的雷达目标识别、基于压缩感知的目标识别等技术。

（4）《雷达目标识别原理与实验技术》分册是一本工程性较强的专著。该书主要针对目标特征提取与分类识别的模式，从工程上阐述了目标识别的方法。重点讨论特征提取技术、空中目标识别技术、地面目标识别技术、舰船目标识别及弹道导弹识别技术。

（七）数字技术的发展，使雷达的设计和评估更加方便，该技术涉及雷达系统设计和使用等。本套丛书遴选了 3 个分册：

（1）《雷达系统建模与仿真》分册所介绍的是现代雷达设计不可缺少的工具和方法。随着雷达的复杂度增加，用数字仿真的方法来检验设计的效果，可收到事半功倍的效果。该书首先介绍最基本的随机数的产生、统计实验、抽样技术等与雷达仿真有关的基本概念和方法，然后给出雷达目标与杂波模型、雷达系统仿真模型和仿真对系统的性能评价。

（2）《雷达标校技术》分册所介绍的内容是实现雷达精度指标的基础。该书重点介绍常规标校、微光电视角度标校、球载 BD/GPS（BD 为北斗导航简称）标校、射电星角度标校、基于民航机的雷达精度标校、卫星标校、三角交会标校、雷达自动化标校等技术。

（3）《雷达电子战系统建模与仿真》分册以工程实践为取材背景，介绍雷达电子战系统建模的主要方法、仿真模型设计、仿真系统设计和典型仿真应用实例。该书从雷达电子战系统数学建模和仿真系统设计的实用性出发，着重论述雷达电子战系统基于信号/数据流处理的细粒度建模仿真的核心思想和技术实现途径。

（八）微电子的发展使得现代雷达的接收、发射和处理都发生了巨大的变化。本套丛书遴选出涉及微电子技术与雷达关联最紧密的 3 个分册：

（1）《雷达信号处理芯片技术》分册主要讲述一款自主架构的数字信号处理（DSP）器件，详细介绍该款雷达信号处理器的架构、存储器、寄存器、指令系统、I/O 资源以及相应的开发工具、硬件设计，给雷达设计师使用该处理器提供有益的参考。

（2）《雷达收发组件芯片技术》分册以雷达收发组件用芯片套片的形式，系统介绍发射芯片、接收芯片、幅相控制芯片、波速控制驱动器芯片、电源管理芯片的设计和测试技术及与之相关的平台技术、实验技术和应用技术。

（3）《宽禁带半导体高频及微波功率器件与电路》分册的背景是，宽禁带材料可使微波毫米波功率器件的功率密度比 Si 和 GaAs 等同类产品高 10 倍，可产生开关频率更高、关断电压更高的新一代电力电子器件，将对雷达产生更新换代的影响。分册首先介绍第三代半导体的应用和基本知识，然后详细介绍两大类各种器件的原理、类别特征、进展和应用：SiC 器件有功率二极管、MOSFET、JFET、BJT、IBJT、GTO 等；GaN 器件有 HEMT、MMIC、E 模 HEMT、N 极化 HEMT、功率开关器件与微功率变换等。最后展望固态太赫兹、金刚石等新兴材料器件。

  本套丛书是国内众多相关研究领域的大专院校、科研院所专家集体智慧的结晶。具体参与单位包括中国电子科技集团公司、中国航天科工集团公司、中国电子科学研究院、南京电子技术研究所、华东电子工程研究所、北京无线电测量研究所、电子科技大学、西安电子科技大学、国防科技大学、北京理工大学、北京航空航天大学、哈尔滨工业大学、西北工业大学等近 30 家。在此对参与编写及审校工作的各单位专家和领导的大力支持表示衷心感谢。

2017 年 9 月

本书序

雷达技术发展之快，使得传统的雷达观念、体系结构不断更新，在 20 世纪 50 年代的接收、发射、天线、显示典型的分机基础上，又发展到现在的雷达数据处理和信号处理分系统。

激光雷达是传统雷达技术与现代激光技术相结合的产物，多脉冲激光测距作为激光雷达测距系统的重要分支，由发射系统、接收系统、信息处理等部分组成。发射系统由各种形式的激光器，如二氧化碳激光器、掺钕钇铝石榴石激光器、半导体激光器、波长可调谐的固体激光器以及光学扩束单元等组成。接收系统采用望远镜和各种形式的光电探测器，如光电倍增管、半导体光电二极管、雪崩光电二极管、红外和可见光多元探测器件等组合，多脉冲激光测距具有探测距离远、测距精度高、抗干扰性强，保密性强，体积小、重量轻等优点。

尽管雷达技术发展很快，但技术都尚未成熟，本书在现有的多脉冲激光测距和微脉冲单光子测距体系上把两者紧密结合，叙述了影响其测距因素的大气传输和背景辐射特性。针对光电探测器叙述了多脉冲激光测距和微脉冲单光子测距关键电路的两种工作模式，即线性模式和盖革模式。基于探测电路模拟激光目标信号然后分别实施先检测后跟踪和先跟踪后检测目标检测，同时分析目标距离误差，针对波形峰值点偏移实施目标精确定位，最后基于目标波形特性提出"几何分割比"概念，然后利用 PCA-LDA 鉴别特征矢量对目标进行识别，以此作为延伸。全书围绕多脉冲测距和微脉冲单光子测距及其关键技术展开描述，体系严密，层层递进，不失为本书的一大特色。

本书是从事雷达技术领域各项工作专家们集体智慧的结晶，是他们长期工作成果的总结与展示，专家们既要完成繁重的科研任务，又要在百忙之中抽出时间保质保量地完成书稿，工作十分辛苦，在此，我谨代表编委会向作者和审稿专家表示深深的敬意！

本书的出版，得到了郑州航空工业管理学院和中航工业洛阳电光设备研究所等各参与单位领导的大力支持，得到了参与编辑们的积极推动，借此机会，一并表示衷心的感谢！

作者

2017 年 8 月

　　本书从多脉冲信号出发,分别介绍多脉冲数字式激光测距和微脉冲单光子激光测距两种测距体制。两种测距方式都以载流子的雪崩倍增效应来放大光电信号作为关键技术。在内容和编排上,重点突出两者以基本测距方程为基础构建的作用距离模型和以雪崩光电二极管为基础的信号处理电路。首先以脉冲激光雷达基本方程出发,结合脉冲激光目标光探测过程中激光发射、传播、反射与接收的光功率传递关系给出作用距离模型;然后根据光子计数原理分析了单光子测距中的激光能量传输这一关键技术。对光电探测器,介绍了APD器件线性模式和盖革模式。

　　本书以脉冲激光测距雷达的目标信号为干线,紧密结合数字式脉冲测距和微脉冲单光子测距两种测距体制,理论上以脉冲测距方程为基础,实践中以雪崩光电二极管探测模式为线索,分析目标波形和目标回波信号实施目标探测。首先介绍激光大气传输特性和光电探测器件以及相关电路关键技术,接着分析测距方程以及测距模型。并模拟多脉冲激光目标动态信号,基于多脉冲激光实施目标检测,最后实施目标精确定位。分层次体现激光测距原理及过程。力图让读者对两种测距体制及其关键技术有更加直接全面的了解。

　　本书共有6章。第1章介绍多脉冲激光目标探测和微脉冲单光子测距研究现状、发展历史、分类和应用。第2章介绍早期模拟式激光测距机的组成及工作原理和现有数字式激光测距机的组成及原理,通过基本的测距方程构建作用距离模型,最后介绍微脉冲单光子测距原理并分析其关键技术。第3章介绍激光大气传输特性,计算并仿真激光传输大气透过率以揭示大气透过率与波长、地面能见度、海拔关系,背景辐射特性以及对背景辐射特性数值进行仿真,并对其抑制技术进行阐述。第4章主要介绍APD器件构造及原理,依托其工作模式和性能参数设计关键探测电路并实验验证,对激光雷达探测工程具有实践指导意义。第5章重点介绍目标信号原理,目标模拟器的实现以及模拟基于光学模型、信号模型、目标波形模型的三种激光目标信号。第6章主要阐述多脉冲激光目标检测,结合实际中阳光背景杂波以及激光电源脉冲干扰,分析基于光子计数的PMF脉冲激光目标存在性二元假设检验、基于光子计数的脉冲激光目标检测性能指标以及基于激光目标波形全部样本联合概率的目标检测,然后介绍分类对激光目标DBT检测和TBD检测;在前面理论和实践基础上分析目标距离误差,结合实际波形特点采取基于对称小波及非对称高斯拟合的 TBD 目标精确定位算法改善目标定位的精度。对目标波形进行 PCA 降噪、基于 LDA 鉴别特征矢量识别目标内容进行了介绍。

感谢郑州航空工业管理学院领导及参与编写的孙俊灵、金秋春、庞栋栋、张永红等师生的支持,感谢洛阳电光设备研究所郝培育、袁帅映、臧佳、吴兴国、陈雨等技术工作人员不遗余力的配合,作者马鹏阁系航空经济发展河南省协同创新中心研究员,本书受到协同创新中心资助,还受到目标探测与识别河南省高校科技创新团队(171RTSTHN014)、目标探测与识别郑州市重点实验室、航空电子技术河南省工程实验室、航空科学基金重点项目(2014ZC13004)的资助支持。

本书着重工程实践,体系严密、层次分明,对激光雷达测距做了较为详细的介绍。本书可作为大学生、研究生的专业参考书以及从事雷达工程人员的参考书。

在有限篇幅内,要概括激光测距雷达的诸多内容,确实存在撰写难度,书中或有不严谨之处,敬请读者指教,作者在此表示感谢。

目　录

第❶章
脉冲激光目标探测的发展

激光雷达是传统雷达技术与现代激光技术相结合的产物。从 1960 年人类第一台红宝石激光器诞生，人们就开始不断探索激光器的军事应用。1964 年，美国研制出世界上第一台实用的激光雷达系统，采用 He – Ne 激光器为光源，用于导弹初始阶段的跟踪测量。1971 年，又研制出的精密自动跟踪系统（PATS），采用的是 Nd:YAG 激光器，用于各种常规武器试验靶场。1975 年，麻省理工学院研制"火池"（Firepond）激光雷达，采用多脉冲多普勒体制，用于远距离精密跟踪，对卫星的作用距离达 1000km，测角误差为 0.1mrad，距离分辨力为 2cm。20 世纪 70 年代末，研究重点转向 CO_2 激光雷达，开发了多功能图像激光雷达、超高精度雷达、卫星遥感遥测雷达和太空图像雷达等。用于巡航导弹的多功能 CO_2 激光雷达可以完成地形匹配跟踪、障碍迂回、特征跟踪、目标捕获、目标识别、终端制导等功能，它使导弹可以攻击固定和运动的敌后目标。采用自适应光学技术的高精度 CO_2 激光雷达曾于 1985 年多次在夏威夷、毛里求斯岛上成功地跟踪了航天飞机、探空火箭，其精度达到微弧度级。90 年代，随着半导体激光器在输出功率、光束方向以及探测器性能等方面取得了重大进展，出现了半导体激光主动成像雷达。主动成像激光雷达系统可以直接获得目标的轮廓和位置信息（强度像和距离像），可以很容易地识别目标。主动成像激光雷达可以高精度地跟踪测量单个和多个目标、识别真假目标、对目标成像等，并能测量目标姿态和速度。

国内激光雷达的发展速度基本上紧跟着世界的发展。自世界上第一台红宝石激光器问世，我国就开始了对激光器的军事应用进行探索。1966 年 12 月，国防科委主持召开了军用激光规划会，会议制定了包含 15 种激光整机、9 种支撑配套技术的发展规划。此后几年内，在靶场激光测距、人造卫星测距、机载红外激光雷达、激光航测仪及地炮激光测距机等领域涌现了一批重要成果。20 世纪 90 年代末，激光器研究朝纵深方向发展，国内激光雷达也得到了进一步发展。新一代实用测距系统投入使用，完成了重要的国家任务。华北光电技术研究所的第一台实用化红外激光雷达研制定型，战术军用激光测距仪批量生产。其中，第一代红宝石系统的测距精度为米级，第二代 YAG 调 Q 激光器的精度达分米级,第三代锁模激光器加微机系统在大于 8000km 距离精度达厘米级。在成像激光雷达方面,国内开展了短波红外和长波红外激光成像雷达、$0.905\mu m$ GaA-IAs 半导体激光成像防撞雷达、$1.065\mu m$ 半导体泵浦固体 Nd + 3 : YAG 前视成像激光雷达、$10.6\mu m$ 波导 CO_2 激光主动成像雷达等研究。

进入 21 世纪,新体制激光雷达的研制成为激光雷达的发展趋势。激光相控阵雷达、动目标显示激光雷达、目标成像识别激光雷达、非扫描成像激光雷达、合成孔径激光雷达是最近研究的热点。

机载光电探测中激光测距雷达的测程要求达到数十千米以上。早期采用灯泵固体激光器的激光测距机发射单个激光脉冲,通过模拟比较器电路检测出光电探测信号中的目标,探测距离仅有 $10 \sim 20km$。20 世纪 90 年代末半导体泵浦调 Q 激光器的研制成功,推动了脉冲激光测距机从模拟单脉冲体制向多脉冲体制的发展。随着数字信号处理技术的发展及高性能数字信号处理器(DSP)的出现,微波雷达的信号处理及目标检测已经逐渐数字化。中远程脉冲激光测距雷达发射脉冲宽度为十几至数十纳秒,对其进行采用数字化处理需要数百兆赫以上的采样率。庞大的数据量使得激光回波信号的数字化处理难以实时实现。2003 年后,随着 DSP 及可编程逻辑器件等数字信号处理器的主频和处理能力不断提升,ADC 器件的转换速度也迅速提高,脉冲激光回波的数字化处理有了实现条件。华北光电技术研究所研制成功的一体化小型二极管泵浦多脉冲激光测距机,测距范围为 8.5km,距离分辨力达到 1m。中航工业光电研究所研制机载远程三脉冲激光测距机系列产品,与红外热成像仪、可见光高清摄像等组成机载光电吊舱,应用在我国各代战机型号上。将数字化处理技术与激光技术相结合,提高脉冲激光雷达的作用距离,是国防战术激光雷达技术的发展趋势和方向,对于提升机载火控系统的威力具有重要意义和应用价值。

目前,远程激光测距雷达有两个发展方向:一是采用高重频、单色性好、小功率激光器、盖革模式 APD 接收的高重频微脉冲单光子激光测距技术;二是采用较低重复频率、大峰值功率脉冲激光器、线性模式 APD 接收的多脉冲激光测距技术。

单光子测距采用多脉冲积累技术,灵敏度极高,需要大口径接收天线,白天受背景光(BL)干扰影响较大,跟踪运动目标需要较高重复频率。单光子探测已成为量子通信的关键技术,中国科学院上海天文台已经应用单光子测距技术实现地面测卫星距离等应用,中国科学院上海光学精密机械研究所结合工程化要求开发了单光子测距小型化应用样机,南京理工大学开发了单光子成像激光雷达。目前,单光子激光测距技术应用于机载条件下的光电探测尚存在较大工程化限制。

大功率脉冲激光测距机发射重复频率低,能够参与积累的脉冲回波有限,且激光器光学元件受激光损伤概率大,重复工作可靠性差。因此,考虑在线性模式

APD 探测机制下增加参与积累的发射脉冲个数,降低单个脉冲的发射功率以提高激光器可靠性,并利用信号与信息处理技术实施目标积累,是实现远程目标探测的可行路径。自 2010 年至今,国内外研制脉宽 1ns 左右、波长 1064nm 的高功率窄脉冲高重频亚纳秒激光器不断取得进展,已经具备工程化条件。机载条件下,发射数百个以上的高重频亚纳秒激光脉冲进行回波信号积累,为探测更远距离的目标提供了条件。

1.1 多脉冲激光目标探测的研究与发展

脉冲激光目标检测是指采用信号和信息处理方法将激光目标背景光与杂波、电路噪声加以分离,实现目标的恒虚警率(CFAR)检测。针对微弱目标"探得到"的问题,信噪比积累是关键。

雷达信号处理采用相参积累(CA)和非相参积累方法,利用对目标的多次观测进行信噪比积累。微波雷达采用复载波匹配滤波等技术进行相参积累。脉冲激光测距雷达采用非相干直接探测方式,通常采取对时域多帧回波数据进行累加实现非相参积累。在三脉冲远程激光目标数字化积累方面,平庆伟、夏桂芬、赵保军教授团队与华北光电技术研究所等单位合作开展了开拓性的研究。平庆伟等研制了高速激光回波信号实时处理系统。夏桂芬等就三脉冲激光雷达目标的检测机制与算法、检测性能和虚警概率分析等方面做了一系列基础研究工作,在最小可检测信噪比为 2 的情况下实现了激光目标的检测。针对杂波及噪声背景下的激光微弱信号检测,尝试应用时频域、变换域、非平稳信号处理等方法。夏桂芬等就激光目标回波的混沌特性开展了研究,提出了基于神经网络(TNN)的检测机制。Wu 等给出了激光目标的自适应门限检测方法。Xia 提出了基于非局部均值滤波的激光回波信号降噪算法。Fang 基于连续小波变换(CWT)进行回波信号降噪。Li 提出了分数域的自适应滤波算法。马鹏阁等基于小波分解模极大值的传递特性实现激光回波信号降噪。章正宇等采用数字相关检测技术检测激光回波弱信号。

上述研究工作是首先对单帧激光回波信号进行降噪后基于似然比检验检测目标,然后实施跟踪,属于先检测后跟踪(DBT)方法。先跟踪后检测(TBD)方法是先从多帧原始观测数据中跟踪出一条能量积累最大的目标航迹,进而判决目标的检测。TBD 算法最早用于可见光视频及红外图像序列目标检测领域,后被引入开展雷达目标信号的非相参积累。孙立宏、王俊等给出了基于 TBD 算法的雷达弱小目标检测。Danilo Orlando 将 TBD 策略用于空时自适应雷达(STAP)信号处理。Cun 在对水下目标的探测中采用基于粒子滤波的 TBD 方法。Deng Xiaobo 针对低重复频率的监视雷达采用 TBD 算法处理措施。TBD 方法对于海杂波、复合高斯杂波、非高斯杂波等密集杂波背景下的目标探测表现出良好的性能。常见的 TBD 方法包括穷举搜索、粒子滤波、Hough 变换(HT)、动态规划(DP)等方法。TBD 方法对低信噪比及非平稳环境下的多目标检测具有先天优势。TBD 方法也应用在脉冲激光目标检测领域。平庆伟等基于动态规划的激光雷达目标检测算法,利用多帧回波进行航迹积累,待跟踪到航迹后再实现检测。马鹏阁等基于 Hough 变换实施三脉冲激光目标多帧回波(10 帧/s)组合距离像的 TBD 检测,提出了激光目标作用距离增强算法,将目标最小可检测信噪比减少至 0.7。TBD 方法利用目标运动特性实现目标运动航迹的积累。三脉冲激光测距体制下,扫描间隔时间在 100ms 以上,TBD 方法对高速飞机目标的检测性能较差。基于高重频多脉冲激光探测高速飞机目标的信号积累及 TBD 方法还需深入研究。

现有激光目标检测算法将目标视为点目标,目标在回波信号中是以一定幅度、宽度的单个脉冲出现的。对于高分辨力雷达,当发射信号频谱足够宽(时域脉冲足够窄)时,目标径向距离占据多个雷达距离分辨单元,目标的后向散射在时域呈现连续起伏特性,形成一幅沿着雷达视线的目标幅度图像,即目标一维距离像,其中包含了目标的结构特征,基于毫米波雷达一维距离像开展目标检测与识别的研究已有较多。高分辨力目标应视为距离扩展目标。在三维扫描成像激光雷达中,单点目标回波波形看作目标的强度像及距离像。成像激光雷达能够获得目标的三维空间数据,但作用距离近。基于成像激光雷达图像特征的目标跟踪技术在无人驾驶、自动运载工具、舰船航行等领域得到广泛应用。现有机载三脉冲激光远程测距雷达的发射脉冲宽度约为 10ns,光束宽度为 3m,相对于飞机、舰船等目标十几米、数十米以上的尺寸,目标回波信号可看作目标的一维距离"波形像"。激光目标回波不仅提供了目标位置,波形中还包含目标自身几何特征信息。李艳辉、吴振森等根据激光雷达方程及粗糙面脉冲波束散射理论,提出了目标激光脉冲后向散射回波功率,即激光目标距离像的连续函数积分表达式,并获得斜板、球和圆锥一维距离像的具体形式。通过数据分析表明,激光目标波形的曲线能够较好地反映目标的径向几何外形信息。这些研究可为激光波段的目标特征提取和识别提供理论依据。有关文献研究了智能激光引信扫描目标的一维距离像特征,将动力学、运动学原理应用于智能雷达扫描运动的建模。这些研究表明,激光目标的脉冲回波波形可视为目标特征信息的载体,基于目标波形的特征开展激光目标检测研究具备可行性。要强调的是,这些有关激光目标一维距离像的描述针对的是近距离目标。远程脉冲激光测距雷达采用非相干直接探测方式,远程脉冲激光目标回波信号受到大气传播环境、光杂波等因素影响,目标波形变化较大,是否能够提取足够特征信息用于目标识别还有待于研究,但从波形中提取不变特征用于目标与杂波的分类是值得研究的。

　　机载脉冲激光目标检测面临的杂波主要是阳光背景光杂波。郭渭荣、栗苹等针对不同角度下地面散射太阳光对光电探测器的干扰建立了数学模型，并给出了变化规律描述。沈成方等结合大气阳光辐射传输理论和噪声产生机理研究阳光辐射对小口径激光引信探测性能的影响。针对空中飞机目标观测过程中的阳光背景光杂波特性以及机载运动平台对杂波观测的影响，需要开展实验分析研究。

　　不同杂波背景下的距离扩展目标检测在微波雷达领域已有较多研究，可以为杂波背景下的激光目标检测所借鉴。已知杂波包络分布类型的目标检测属于参量检测方法。机载激光测距雷达目标探测距离远，激光束往返 10 ~ 100km 范围的大气传播环境特性并非完全均匀，回波信号中的杂波分布特性是时变的，采用非参量或自由分布检测更有优势。Nitzberg 等首先基于杂波强度估计迭代提出杂波图技术。Alabaster 提出了机载脉冲多普勒雷达的杂波图检测算法。孟祥伟等就非平稳环境下的自适应杂波图检测开展了研究。Nouar 针对复合高斯杂波背景下的距离扩展目标提出了基于查表检测的多脉冲非相干积累算法。在不确定杂波特性的情况下，杂波图法表现出较好的非平稳环境适应性及健状性。杂波背景下目标恒虚警率检测还可以看作将目标信号和杂波信号向不同的"域"进行投影，使二者在新的"域"内可以更容易区分。因此，可以在时域以外的频域、时频域、小波域等变换域开展目标恒虚警率检测。简涛等指出，小波变换域的目标检测具有较好的目标波形检测性能。Hu 等提出了基于增强经验小波变换的非平稳信号处理算法。Wei 等给出了健状小波域门限技术处理重拖尾噪声。这些目标检测理论对于杂波背景下亚纳秒脉冲激光目标回波的波形检测具有借鉴意义。

　　雷达目标检测等价于模式识别领域的分类问题，因此可使用特征提取、分类与识别方法来解决目标分类，在非平稳环境下和强杂波条件下获得良好的目标检测性能。在电磁雷达目标检测中，针对海杂波等复杂环境，基于不同域（如 FRFT 域、时频域、小波域、分形几何域）的特征可以实现海面弱目标的检测。提取杂波和目标特征矢量，通过分类方法检测非平稳环境中的微弱目标，已经被证明是有效的。基于目标脉冲幅度阈值的 CFAR 检测也已演变为基于不同分类特征阈值的 CFAR 检测。而针对高分辨力雷达，何友院士、关键教授研究团队将目标视为扩展目标开展基于波形特征的海杂波微弱目标健状检测与跟踪，取得了许多有意义的成果。脉冲激光目标检测过程中，当目标瞄不准或大气湍流折射导致回波光束偏离接收天线时，回波观测信号会出现目标时有时无的情况，类似于视频目标跟踪中发生"遮蔽"。这会使得跟踪过程中的目标置信度降低，严重时需要启动目标的重新捕获，从而导致无法稳定检测到目标。远程激光测距雷达的稳定跟踪问题一直没有很好地解决，这在一定程度上也限制了激光的作用距离。因此,考虑从脉冲激光目标波形像中提取更多目标的不变性特征,将目标与杂波之间的"距离"增大至可以"区分"。基于特征积累的目标检测方法可以尝试用于远程脉冲激光分类检测,但是需要研究经远程大气传输后的激光目标回波波形的姿态不敏感特征及其提取方法。

从国内外微弱脉冲激光目标检测相关技术研究发展现状来看,"非相参积累""先跟踪后检测""目标波形像表示及特征分析""阳光背景光杂波特性""杂波背景下距离扩展目标恒虚警检测""目标姿态不敏感特征""基于特征分类的健状检测"等关键词,为开展多脉冲激光探测远程高速目标的研究,实现"探得到""探得稳"要求,提供了可循的思路与可行的路径。

▌1.2 微脉冲单光子激光测距的研究与发展

微脉冲激光测距的概念最早在人造卫星激光测距中提出,经过 20 多年的发展,已经在国内外多个人造卫星观测站成功实现了对上万千米卫星的测距。

1994 年,美国 NASA 哥达德空间飞行中心的 Degnan 等在堪培拉举行的第九届国际激光测距工作会议上提出了采用高重复频率脉冲激光器进行人造卫星测距的概念,并在其后开展了号称第四代人造卫星测距系统 SLR2000 的研究项目。

1996 年在上海召开的第十届国际激光会议上,Degnan 等报告了关于整个 SLR2000 系统的工程设计进展情况,并详细给出了系统(包括激光器发射控制设计、光学系统、相关距离门接收、系统控制等)的技术方案。SLR2000 激光器采用被动调 Q 模式,工作频率为 2kHz,单脉冲能量为 135J,测距距离达到 2×10^4 km。

1999 年,奥地利 Graz 观测站采用先进的皮秒精度的事件计时器,并开始研制高重复频率的距离门产生器、DOS 平台的实时测控软件等一些与千赫测距系统有关的工作,测距精度得以提高。2003 年,Graz 观测站采用重复频率为 2kHz,单脉冲能量为 0.4mJ 的半导体泵浦激光器,配备皮秒事件计时器、相应的接口和软件,成功完成了 2kHz 激光器的卫星激光测距,获得了单次卫星测量精度 3~4mm,测量数据提高了两三个数量级,成为世界上首家实现高重复频率卫星激光测距(SLR)常规测距的站点。

2009 年,中国科学院国家天文台长春人造卫星站卫星激光测距系统实现白天千赫卫星激光测距。长春站利用自主研发的千赫卫星激光测距软、硬件系统,实现了白天千赫卫星激光测距,在技术上取得了重大突破,打破了传统的时间间隔测量控制方法,实现了高重复频率的卫星激光测距,达到国际先进水平,使长春站成为国际上少数具备白天常规千赫卫星测距能力的台站之一。长春站率先实现白天千赫卫星激光测距,弥补了国内白天千赫卫星激光测距的空白,也是整个国际卫星测距网中继 Graz 观测站之后,第二个实现这一技术常规运转的观测站。

微脉冲激光测距是激光测距领域的一大突破,主要优点是作用距离远,使用安全性好,系统可靠性高,是人造卫星激光测距技术的一个发展方向,同时在激光测高、激光测距和激光成像雷达上也有很好的应用前景。

1997 年,英国赫特瓦特大学 Butler 教授研究小组将时间相关单光子计数技术应用于微脉冲激光测距中,采用 850nm 波段、10ps 超短脉冲激光器和 Si-APD 单光子探测器,实现了 1m 距离的测量。此后,该研究小组先后实现了可见光和近红外光波段的微脉冲测距、微脉冲三维成像。

2007 年,Butler 研究小组与美国 NIST 合作首次实现了 1550nm 波段的微脉冲激光测距实验,采用时间响应为 70ps 的超导单光子探测器完成了距离 330m 的非合作目标探测,获得了亚厘米级别的测距分辨力。这一研究结果表明,在人眼安全的 1550nm 波段微脉冲激光测距系统结构紧凑、功耗低,完全可向移动的机载、星载、舰载平台拓展应用。

相对于国外快速发展的微脉冲激光测距技术,国内开展的微脉冲激光测距大多处于可见光波段的理论研究或者模拟验证性实验研究。

2010 年,哈尔滨工业大学在理论上研究了激光脉冲强度对光子计数激光测距精度的影响,推导出了测距精度与回波光强度及宽度的关系式,表明激光回波脉冲强度越大、脉宽越窄,系统测距精度越高。

2011 年,中国科学院长春光学精密机械与物理研究所开展了 532nm 波段的非合作目标激光测距实验,采用多像素光子计数器作为回波光信号接收器,在实验室条件下验证了回波光信号呈泊松分布。

2013 年,中国科学院上海技术物理研究所采用盖革模式下 APD 开展了光子计数激光测距验证实验,使用 532nm、10kHz 的脉冲激光和商售的盖革单光子探测模块,白天日照条件下对距离 40m 的目标进行单光子水平激光测距实验,在回波光子数为 2 时测距精度达到了 6.23cm。

与此同时,在近红外波段的微脉冲激光测距研究方面,国内也取得了一定的成果,对近距离合作目标实现了有效测距。

2011 年,华东师范大学采用高速门控准连续探测的 InGaAs/InP APD 单光子探测器突破了门控探测模式在激光测距的应用瓶颈,实现了日光背景辐射下 1550nm 微脉冲激光测距实验。

2013 年,中国科学院上海微系统与信息技术研究所和华东师范大学合作,采用 26.8ps 低时间抖动的超导探测器完成了 1550nm 波段微脉冲激光测距和成像的实验研究,对 115m 远的合作目标实现了 4mm 的表面分辨力。

近红外 1.57μm 波长相对于可见光有着隐蔽性好、大气透过率（AT）高、背景光辐射小、人眼安全等优势，是机载激光测距发展的方向。基于 InGaAs/InP 单光子雪崩二极管的测距技术，相对来说体积小、功耗低、便携性和兼容性好，可以确保其向机载平台的扩展，并且随着探测器技术的深入研究，其工作性能不断突破，因此探索基于 InGaAs/InP SPAD 的微脉冲激光测距具有重要的现实意义和深远的战略意义。

参考文献

[1] Schultz K I, Fisher S. Ground – based laser radar measurements of satellite vibrations [J]. Applied Optics, 1992, 31(36): 7690 – 7695.

[2] Maurice J. Halmos Synthetic aperture ladar system using incoherent laser pulses: US, US 6559932 B1[P]. 2003.

[3] Tucker J R, Rakic A D. Optimum injection current waveform for a laser rangefinder based on the self – mixing effect[J]. 2004, 5277: 334 – 345.

[4] Yang Zhaosheng, Wu Jin, Zhao Zhilong, et al. Investigation on layover imaging in synthetic aperture ladar [J]. Frontiers of Optoelectronics, 2013, 6(3): 251 – 260.

[5] 刘承志, 赵有. 长春卫星激光测距站的性能和观测概况[J]. 科学通报, 2002, 47(6): 406 – 408.

[6] 钟声远. 军用激光技术的装备研究[J]. 激光与红外, 1994, 24(4): 23 – 25.

[7] 赵有, 张俊荣. 长春人造卫星卫星激光测距精度的提高和系统稳定性的改进[J]. 电子学报, 1999, 27(11): 110 – 113.

[8] 梅遂生. 勇于实践努力创新——激光诞生四十年有感[J]. 激光与红外, 2000, 30(3): 134 – 135.

[9] 杨兴雨, 苏金善, 王元庆, 等. 国内外激光成像雷达系统发展的研究[J]. 激光杂志, 2016 (1): 1 – 4.

[10] 曹秋生. 成像激光雷达的无人机载技术探讨[J]. 红外与激光工程, 2016, 45(10): 10 – 17.

[11] Turbide Si, Marchese L, Bergeron A, et al. Synthetic aperture ladar based on a MOPAW laser [C]// SPIE Remote Sensing. 2016: 1000502.

[12] Beck S M, Buck J R, Buell W F, et al. Synthetic – aperture imaging laser radar: laboratory demonstration and signal processing[J]. Applied Optics, 2005, 44(35): 7621 – 7629.

[13] 龙腾, 毛二可, 岳彦生, 等. 超高速雷达数字信号处理技术[J]. 电子学报, 1999, 27 (12): 88 – 91.

[14] 平庆伟, 何佩琨, 赵保军, 等. 高分辨中远程激光测距机的数字信号处理研究[J]. 激光与红外, 2003, 33(4): 261 – 264.

[15] 夏桂芬, 赵保军, 韩月秋. 三脉冲激光雷达的目标检测[J]. 光电工程, 2006, 33(3): 137 – 140.

[16] Li Xue,et al. Long – range laser ranging using superconducting nanowire single – photon, detectors [J]. Chinese Optics Letters,2016,14(7):71201 – 71205.

[17] Wu Xinggu. Study and simulation on echo of single photon ranging[J]. Electronics Optics & Control,2016.

[18] Kostamovaara J,Huikari J,Hallman L W,et al. On laser ranging based on high – speed/energy laser diode pulses and single – photon detection techniques[J]. IEEE Photonics Journal, 2015,7(2):1 – 15.

[19] Komiyama S,Astafiev O,Antonov V,et al. A single – photon detector in the far – infrared range[J]. Nature,2015,403:405 – 407.

[20] Takai I,Matsubara H,Soga M,et al. Single – photon avalanche diode with enhanced NIR – sensitivity for automotive LIDAR systems[J]. Sensors,2016,16(4):459.

[21] Tamborini D,Buttafava M,Ruggeri A,et al. Compact, low power and fully reconfigurable 10ps resolution,160μs range, time – resolved single – photon counting system[J]. IEEE Sensors Journal,2016,16(10):1 – 1.

[22] Li Hao,Chen Sijing,You Lixing,et al. Superconducting nanowire single photon detector at 532nm and demonstration in satellite laser ranging[J]. Optics Express,2016,24(4):3535.

[23] 张海峰,孟文东,吴志波,等. 单向激光测距及其测量试验[J]. 中国激光,2013,40(3): 197 – 203.

[24] 吴志波,张海峰,邓华荣,等. 2014 年上海天文台卫星激光测距观测报告[J]. 中国科学院上海天文台年刊,2015(1):64 – 71.

[25] Yang Fu,He Yan,Chen Weibiao. Study of fiber laser ranging system using pseudorandom modulation and single photon counting techniques[J]. Chinese Journal of Lasers,2011,38 (3):314003.

[26] 尹文也,石峰,何伟基,等. 时间相关单光子计数型激光雷达距离判别法[J]. 光子学报,2015,44(5):7 – 12.

[27] Agnesi A,Dallocchio P,Pirzio F,et al. Sub – nanosecond single – frequency 10 – kHz diode – pumped MOPA laser[J]. Applied Physics B,2010,98(4):737 – 741.

[28] Pan Lei,Utkin Ilya,Lan Ruijun,et al. High – peak – power subnanosecond passively Q – switched ytterbium – doped fiber laser[J]. Optics Letters,2010,35(7):895 – 897.

[29] Chuchumishev D,Gaydardzhiev A,Trifonov A,et al. 13 – mJ,single frequency,sub – nanosecond Nd:YAG laser at kHz repetition rate with near diffraction limited beam quality[C]// Lasers and Electro – Optics. IEEE,2012:1 – 2.

[30] 王金国,孙哲,姜梦华,等. 高能量1ns Nd:YAG 激光器系统[J]. 光电子·激光,2012(7): 1257 – 1262.

第❷章

激光测距雷达的组成与工作原理

■ 2.1 脉冲激光雷达系统组成

2.1.1 模拟式单脉冲激光雷达

模拟式激光测距雷达利用单个激光脉冲对目标距离进行准确测量,是门控计数法时间测量的典型应用。工作时向目标辐射出一束发散角非常小的激光脉冲,经目标漫反射之后,回波进入接收系统。当回波脉冲信号幅度高于噪声幅度时,即可利用模拟比较器电路检测出目标。由计数器测定激光束从发射到接收的时间,光速和往返时间的乘积的一半就是激光雷达与被测量目标之间的距离。脉冲激光雷达通常采取非相干探测方法,目标检测取决于单帧激光回波的信噪比。模拟激光测距机采用模拟比较器直接检测,需要较高的检测信噪比(为 8～9),其探测距离可达 20km 左右。单脉冲模拟式激光测距雷达通常由激光发射单元、激光接收单元和激光电源三大部分组成,图 2.1 所示为单脉冲模拟式激光测距雷达系统组成。

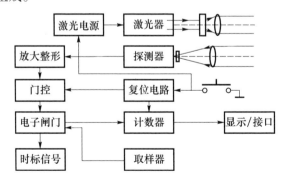

图 2.1 单脉冲模拟式激光测距雷达系统组成

激光发射单元由高能脉冲激光器、取样器、发射光学系统、准直光学系统等组成。其作用是将高峰值功率的激光脉冲向目标照射。激光器通常产生红外波段 1.064μm 或 1.057μm 波长的激光光波。取样器用于从发射光路中分出一小束激光,由光电探测器转换为主波电信号,用作门控时间的开门脉冲信号。发射光学系统和准直光学系统是由多种光学透镜组成的组合光路,用于将光束照射出去,也称为发射天线。

　　激光接收单元由接收光学系统、光电探测器、放大接收电路及显示器(或接口)等组成。其作用是接收目标漫反射回来的激光回波,将计数器数据转换为目标距离并显示。接收光学系统由多个透镜组成接收光路,其光轴与发射光路平行,用于将来自目标的反射回波收集并传送至探测器,也称为接收天线。光电探测器用于将红外波段的光通量转换为电流信号。回波接收放大、整形电路将探测电流转换为电压信号并处理,获得目标回波脉冲,用作门控时间的关门脉冲信号。

　　激光电源由高压电源和低压电源组成。其作用是为激光器和探测及信号处理系统提供电能。

　　单脉冲激光测距的工作过程:首先,红外探测单元执行对空搜索任务,发现目标后控制伺服工作平台瞄准目标。随后,接通激光激励电源,复位系统,启动激光器。辐射激光脉冲经发射天线向瞄准的目标照射。在发射激光时,取样器采集发射光束由光电探测器转换为门控计数器开门的主波信号,并启动计数器。时钟振荡器用于给计数器输入时标脉冲。从目标反射回来的激光回波经过大气传输,进入接收光学系统,作用在红外光电探测器上,转换为电流信号,再经过放大器放大、整形为回波脉冲,作为计数器的关门信号,控制计数器停止计数。根据计数器记录的从开门到关门期间时标脉冲个数,经换算可得到目标距离。最后,将距离数据传送给火控计算机处理或是直接在显示器上显示出来。图 2.2 给出了单脉冲激光测距信号波形时序关系。

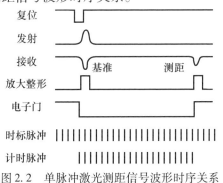

图 2.2　单脉冲激光测距信号波形时序关系

2.1.2　多脉冲数字式激光雷达

　　近年来,随着大功率多脉冲激光器的出现,在一个脉冲重复周期内能对目标实施连续多次的激光脉冲照射。在目标运动距离小于或接近一个"波门"的情况下获得多个脉冲回波,经 A/D 采样及数字处理器的累加可实现信号积累。这样,多脉冲激光雷达已经演变为数字式激光雷达。数字化的回波处理的架构可应用 DSP 处理技术对回波处理器的软、硬件加以实现,降低检测信噪比,提高目标作用距离。图 2.3 给出了多脉冲数字式激光雷达系统组成。

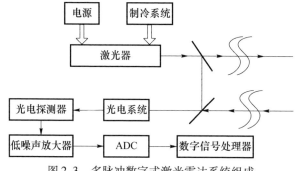

图 2.3　多脉冲数字式激光雷达系统组成

多脉冲激光雷达系统的组成与单脉冲模拟激光雷达基本相同,主要不同是激光器和回波处理电路两部分。多脉冲激光雷达的激光器采用 Nd:YAG 晶体棒作为激光工作物质,能够产生一组(通常为三个)间隔仅有数百微秒的高功率激光脉冲串。这样的激光发射信号可用来实现信号积累,提高回波信噪比。一个雷达脉冲重复周期的回波脉冲个数越多,积累得到的信噪比增益越大。但受激光器的工作温度等物理条件的限制,大功率激光辐射脉冲的频率比较低,目前常用的是脉冲重复频率为 10Hz 的三脉冲激光器。可见,激光雷达的性能很大程度上依赖于激光技术的进步和发展。三脉冲激光器照射目标得到三个目标脉冲回波,将其累加后才能实现信号积累,提高信噪比。由于这三个脉冲回波是先后得到的,模拟电路无法储存,也就不能相加,因此,可采用高速 ADC 将激光回波转换为数字信号,由 DSP 对回波数据实施累加。要注意的是,激光脉冲回波宽度仅有数十纳秒,ADC 的采样率很高才能采集得到。进一步,由 DSP 进行实时数字滤波、目标特征匹配、目标检测,再将计算得到的距离数据传送至显示/控制接口。

多脉冲激光雷达是激光器技术、ADC 及 DSP 集成电路技术以及数字信号处理技术等多种技术相结合的产物,这些因素缺一不可。正因为如此,多脉冲激光雷达出现得较晚,国内是从 2003 年才开始研究开发相关技术。

2.2　多脉冲激光雷达方程及作用距离模型

2.2.1　脉冲激光雷达基本方程

由大量子数描述的物理系统可以按经典理论处理。采用直接探测目标后向散射回波能量来检测目标的脉冲激光雷达系统可以按照微波雷达的统计方法进行描述。激光雷达方程描述与激光探测功率有关的各种因素以及它们之间的相互关系。雷达方程体现了目标发现能力。完整的激光雷达方程包含雷达系统自身重要参数、目标特性、目标背景和传播途径及传播介质的影响。

脉冲激光雷达基本方程从能量的角度描述了到达光电探测器的回波功率与激光雷达发射功率、光束散角、光学系统透过率、接收视场等性能参数,传输介质(大气或水)的衰减以及目标反射率、目标有效反射截面等目标特性之间的关系。

设激光雷达发射功率为 P_t,将其馈送到天线,由天线将激光能量进行各向同性(全方向)的辐射。由于激光能量以等强度朝所有的方向辐射,在以激光雷达所在处为球心、半径为 R 的假设球体表面的功率密度为常数。根据能量守恒原理,球的全部表面上的总功率等于 P_r(假设传播介质没有损耗)。因此,在与雷达相距 R 处的单位表面积上的功率密度将是球体表面上的总功率除以球的总面积 $4\pi R^2$。在距离雷达 R 处时,雷达功率密度为

$$P_D = \frac{P_t}{4\pi R^2} \tag{2.1}$$

若将增益为 1 的全向天线更换为功率增益为 G_t 的定向天线,便会形成一个将激光能量聚集成束的方向性波束。脉冲激光雷达的光学天线属于定向天线。这时,距离 R 处的激光波束功率密度为

$$P_{D_1} = \frac{P_t}{4\pi R^2} \times G_t \tag{2.2}$$

在距离激光发射机 R 处的波束内有一个目标,传播的光波照射到目标后,入射能量朝不同的方向散射。其中的一部分激光能量后向反射、散射回激光雷达接收天线。后向反射、散射的激光能量由目标所在处的功率密度和激光目标截面积(LCS)σ 确定。σ 是衡量目标反射能力的尺度。目标的反射功率为

$$P_1 = \sigma \times P_{D_1} = \frac{P_t G_t \sigma}{4\pi R^2} \tag{2.3}$$

到达激光雷达所在位置的后向反射、散射波的功率密度为

$$P_{D_2} = \sigma \times P_{D_1} = \frac{P_t G_t \sigma}{4\pi R^2} \times \frac{1}{4\pi R^2} \tag{2.4}$$

在激光雷达接收天线处,天线以有效孔径面积 A_e 对电磁波进行接收,接收到的激光回波功率为

$$P_r = P_t G_t \times \frac{1}{4\pi R^2} \times \sigma \times \frac{1}{4\pi R^2} \times A_e \tag{2.5}$$

激光接收光学天线的直径为 D,则

$$A_e = \frac{\pi D^2}{4} \qquad (2.6)$$

激光在大气中的单程传输系数为 η_{Atm}，激光雷达的光学系统的透过率为 η_{sys}，则激光雷达接收回波功率为

$$P_r = \frac{P_t G_t}{4\pi R^2} \times \frac{\sigma}{4\pi R^2} \times \frac{\pi D^2}{4} \times \eta_{Atm}^2 \eta_{sys} \qquad (2.7)$$

式中：P_t 为发射功率；G_t 为发射天线增益；D 为接收天线孔径；R 为激光雷达到目标的距离。

设激光发射光束的束散角为 θ_t，则对应的发射立体角为

$$\Omega_t = \frac{\pi(R\theta_t)^2}{4\pi R^2} \times 4\pi = \frac{\theta_t^2}{4}\pi \qquad (2.8)$$

故有

$$G_t = \frac{4\pi}{\Omega_t} = \frac{4\pi}{\frac{\theta_t^2}{4}\pi} = \frac{16}{\theta_t^2} \qquad (2.9)$$

因此，激光雷达的接收功率方程为

$$\begin{aligned} P_r &= \frac{P_t G_t}{4\pi R^2} \times \frac{\sigma}{4\pi R^2} \times \frac{\pi D^2}{4} \times \eta_{Atm}^2 \eta_{sys} \\ &= \frac{P_t \times 16}{4\pi R^2 \theta_t^2} \times \frac{\sigma}{4\pi R^2} \times \frac{\pi D^2}{4} \times \eta_{Atm}^2 \eta_{sys} \\ &= \frac{P_t \cdot \sigma \cdot D^2}{4\pi R^2 \theta_t^2} \eta_{Atm}^2 \eta_{sys} \end{aligned} \qquad (2.10)$$

其中

$$\sigma = A_o \cdot \rho \cdot G = \frac{4\pi}{\Omega_r} A_o \cdot \rho \qquad (2.11)$$

式中：Ω_r 为目标散射立体角；ρ 为目标反射系数；A_o 为激光照射的目标面积。

式(2.10)就是脉冲激光雷达的基本方程。从式中可以看出，脉冲激光雷达的接收功率与目标距离的 4 次方呈反比。

2.2.2 脉冲激光雷达测距方程

激光雷达发射激光束散角（LBA）为毫弧度量级，激光束散角很小，方向性好。扩展目标和点目标的目标截面积有较大不同，如图 2.4 所示。下面针对扩展目标（大目标）和点目标（小目标）的情况，将激光雷达方程做进一步的推导，得到脉冲激光雷达的作用距离方程。

2.2.2.1 扩展目标的激光测距方程

对于扩展目标，发射的激光光斑全部落在目标上，并位于接收视场内，如

(a) 扩展目标　　　　　　　　(b) 点目标

图 2.4　扩展目标和点目标

图 2.4(a) 所示。此时激光目标截面积用光斑的全部面积进行计算。

激光光斑面积为

$$A_o = \frac{\pi R^2 \theta_t^2}{4} \tag{2.12}$$

根据扩展目标的朗伯散射,有

$$\sigma_{exp} = \pi \rho_{exp} R^2 \theta_t^2 \tag{2.13}$$

将式(2.13)代入式(2.10),可得扩展目标的接收功率为

$$P_r = \frac{P_t \cdot \sigma \cdot D^2}{4\pi R^2 \theta_t^2} \eta_{Atm}^2 \eta_{sys} = \frac{P_t \cdot \rho_{exp} \cdot D^2}{4R^2} \eta_{Atm}^2 \eta_{sys} \tag{2.14}$$

式中:ρ_{exp} 为扩展目标的平均反射系数(MRC)。

当目标距离较近时,目标表现为扩展目标。从式(2.14)可以看出,此时脉冲激光雷达的接收功率与目标距离的 2 次方呈反比,与发射激光的束散角无关。扩展目标接收功率为

$$P_r = \frac{P_t \cdot \rho_{exp} \cdot D^2}{4R^2} \eta_{Atm}^2 \eta_{sys} \tag{2.15}$$

由扩展目标激光雷达方程可以看出,接收的回波功率反比于目标与雷达站距离 R 的 4 次方,这是因为信号功率经过往返双倍的距离路径,能量衰减很大。

扩展目标的激光测距方程为

$$R = \left(\frac{P_t \cdot \rho_{exp} \cdot D^2}{4P_r} \eta_{Atm}^2 \eta_{sys} \right)^{\frac{1}{2}} \tag{2.16}$$

上式表明了激光雷达对扩展目标的发现距离和雷达参数、目标特性间的关系。作用距离是信号功率的函数。

2.2.2.2　点目标的激光测距方程

对于点目标,目标完全位于光斑内,或者部分位于激光光斑之内,另有部分位于激光光斑之外不会被反射。此时,基本测距方程中的目标面积要用目标上被激光照射的面积来计算。因此,对于一个朗伯散射的点目标,激光照射的目标

面积为 A_o，其激光目标截面积简化为

$$\sigma_{pt} = 4A_o\sigma_{pt} \qquad (2.17)$$

将式(2.17)代入式(2.10)，可得点目标的接收功率为

$$P_r = \frac{P_t \cdot \sigma \cdot D^2}{4\pi R^2 \theta_t^2}\eta_{Atm}^2\eta_{sys}$$

$$= \frac{P_t \cdot A_o \cdot \rho_{pt} \cdot D^2}{\pi R^4 \theta_t^2}\eta_{Atm}^2\eta_{sys} \qquad (2.18)$$

式中：ρ_{pt} 为点目标的平均反射系数。

由式(2.18)可以看出，探测器接收到的能量与发射能量呈正比，同时正比于接收有效面积，与距离的 4 次方呈反比，与发射激光束散角平方呈反比。此外，激光探测能量还与光学系统透过率、大气透过率等有关。

针对机载应用环境，远程空中目标可以看作点目标，描述其接收能量的激光雷达方程为

$$P_r = \frac{P_t \cdot A_o \cdot \rho_{pt} \cdot D^2}{\pi R^4 \theta_t^2}\eta_{Atm}^2\eta_{sys} \qquad (2.19)$$

点目标的测距方程为

$$R = \left(\frac{P_t \cdot A_o \cdot \rho_{pt} \cdot D^2}{\pi P_r \theta_t^2}\eta_{Atm}^2\eta_{sys}\right)^{\frac{1}{4}} \qquad (2.20)$$

由点目标激光雷达方程可以看出，接收的回波功率反比于目标与雷达站距离 R 的 4 次方，这是因为信号功率经过往返双倍的距离路径，能量衰减很大。

2.2.3 作用距离模型

2.2.3.1 脉冲激光雷达的灵敏度

对于目标检测应用来说，探测到的目标回波功率必须超过雷达接收机灵敏度（最小可检测信号功率 P_{smin}），雷达才能可靠地发现目标。当接收光功率 P_r 正好等于 P_{smin} 时，可以得到雷达检测目标的最大作用距离 R_{max}。如果目标距离 $R > R_{max}$，探测功率将继续减小，就不能再可靠地检测到目标。探测激光功率进入具有选择性波长的红外光电探测器中，基于外光电效应转换为电流信号，再利用前置放大电路变为电压信号，即激光回波信号。最大作用距离可以用系统最小可检测信噪比来描述。当激光雷达接收信号的信噪比大于接收机的最小可检测信噪比 SNR_{min} 时，能够检测出目标。当 SNR 正好等于 SNR_{min} 时，就可以得到雷达检测目标的最大作用距离 R_{max}。如果目标距离 $R > R_{max}$，信噪比将继续减小，不能再可靠地检测到目标。

2.2.3.2　脉冲激光雷达的电学信噪比

雷达发现目标的能力本质上取决于信噪比。激光雷达光电探测系统接收到目标回波光功率 P_{det}，转换为回波光电子数量为 N_{signal}，单位时间转换的光电子电荷量，也就是光电流信号 i_{signal}，即

$$i_{signal} = E(N_{signal})e/\Delta t = \eta E(K)e/\Delta t = P_{det}\eta e/(h\nu) \qquad (2.21)$$

式中：e 为电子电荷；η 为探测器的量子效率；h 为普朗克常量 $h = 6.626 \times 10^{-34} J \cdot s$；$\nu$ 为激光的频率。

激光雷达接收到背景光杂波光电子数目的均值为 N_b，对应于背景噪声电流 i_b，其功率为 P_b。另外，由于探测器本身存在热噪声，这些形成探测器噪声电流 i_D，其功率为 P_D。

背景光杂波产生的电流为

$$i_b = P_b \times \eta \cdot \frac{e}{h \cdot \nu} \qquad (2.22)$$

这样，回波信号幅度信噪比定义为目标回波信号峰值电流 I_S 与总噪声电流均方根 I_n 之比，即

$$SNR = \frac{I_S}{I_n} = \frac{i_s}{\sqrt{i_D^2 + i_b^2}} \qquad (2.23)$$

在实际应用中，探测器输出的电流信号经前置放大电路转换成为电压信号。回波信噪比可表示为目标回波脉冲最大值 V_{max} 与回波噪声均方根（RMS）之比，即

$$SNR = \frac{V_{max}}{RMS} \qquad (2.24)$$

本书所采用的信噪比 SNR 均是指光电探测目标电压信号幅度峰值与噪声均方根的直接比值，非对数信噪比，与以分贝（dB）为单位的对数信噪比的换算关系为 20logSNR。

2.2.3.3　基于可检测信噪比的作用距离推导

脉冲激光雷达的最小可检测信噪比与系统要求的检测概率、虚警率（FAR）及回波信号处理器自身处理能力等因素有关。根据一定的检测概率及虚警率，由图 2.5 可查得单脉冲门限阈值检测条件下的所需要的目标回波检测信噪比。

需要指出的是，图 2.5 中的信噪比的单位是 dB，需要加以转换。根据查表得到系统的可检测信噪比 SNR_s。回波杂波及噪声是可以观测的。利用回波探测电流幅值信噪比的定义可计算出检测到目标所需要的探测电流，即

$$i_{signal} = SNR_s \times i_n = SNR_s \times \sqrt{i_D^2 + i_B^2} \qquad (2.25)$$

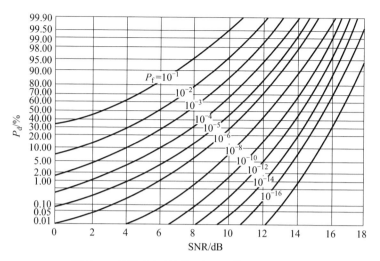

图 2.5　信噪比与检测概率及虚警概率的关系

特定可检测信噪比 SNR_s 对应于一定的可检测电流信号。由红外光电探测器电流与输入光功率的关系,可得到探测所需的接收光功率为

$$P_{det} = i_{signal} \times \frac{h\nu}{\eta e} \tag{2.26}$$

再由点目标测距方程(此处不考虑扩展目标),得到可探测的目标距离为

$$R = \left(\frac{P_t \cdot dA_o \cdot \rho_{pt} \cdot D_R^2}{\pi P_{det} \theta_t^2} \tau_a^2 \tau_0 \right)^{\frac{1}{4}}$$

$$= \left(\frac{P_t \cdot dA_o \cdot \rho_{pt} \cdot D_R^2}{\pi i_{signal} \cdot \dfrac{h\nu}{\eta e} \theta_t^2} \tau_a^2 \tau_0 \right)^{\frac{1}{4}}$$

$$= \left(\frac{P_t \cdot dA_o \cdot \rho_{pt} \cdot D_R^2}{\pi\, SNR_s \times i_n \cdot \dfrac{h\nu}{\eta e} \theta_t^2} \tau_a^2 \tau_0 \right)^{\frac{1}{4}} \tag{2.27}$$

式(2.27)给出了将目标作用距离与可检测信噪比联系起来的关系模型。由于回波信号处理电路会有一定的信噪比处理增益,因此查表所得到的单脉冲可检测信噪比 SNR_s 并不是系统的最小可检测信噪比 SNR_{min},需做如下变换:

$$SNR_s = K \cdot SNR_{min} = K_N \cdot K_a \cdot K_f \cdot K_M \cdot SNR_{min} \tag{2.28}$$

式中:K 为总的回波处理增益,与电信号处理的各环节相关;K_N 为多脉冲积累增益;K_a 为模拟前端放大电路处理增益;K_f 为回波数字信号滤波增益;K_M 为多脉冲特征匹配数据处理增益。

将式(2.28)代入式(2.27),可得到基于最小可检测信噪比的多脉冲激光雷达目标最大作用距离数学模型：

$$R_{\max} = \left(\frac{P_{\mathrm{t}} \cdot dA_{\mathrm{o}} \cdot \rho_{\mathrm{pt}} \cdot D_{\mathrm{R}}^2}{\pi \mathrm{SNR}_{\min} \times i_{\mathrm{n}} \cdot \dfrac{h\nu}{\eta e}\theta_{\mathrm{t}}^2} \tau_{\mathrm{a}}^2 \tau_0 \right)^{\frac{1}{4}}$$

$$= \left(\frac{P_{\mathrm{t}} \cdot K_{\mathrm{N}} \cdot K_{\mathrm{a}} \cdot K_{\mathrm{f}} \cdot K_{\mathrm{M}} \cdot dA_{\mathrm{o}} \cdot \rho_{\mathrm{pt}} \cdot D_{\mathrm{R}}^2}{\pi \mathrm{SNR}_{\mathrm{s}} \times i_{\mathrm{n}} \cdot \dfrac{h\nu}{\eta e}\theta_{\mathrm{t}}^2} \tau_{\mathrm{a}}^2 \tau_0 \right)^{\frac{1}{4}} \qquad (2.29)$$

■ 2.3　微脉冲单光子激光测距系统组成及工作原理

微脉冲激光测距采用数千赫的微焦脉冲激光发射技术，远程测距时，回波信号十分微弱，达到了光子量级，因此，微脉冲激光测距采用高灵敏度的单光子探测技术和基于统计理论的时间相关光子计数法（TCSPC），通过分析返回光子数的统计特性计算出目标的距离信息，其原理框图如图 2.6 所示。

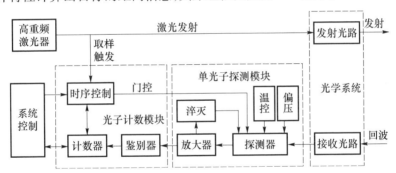

图 2.6　微脉冲激光测距系统原理框图

微脉冲测距过程：激光器发射高重复频率的激光脉冲，一部分经过取样电路送到时序控制电路，另一部分经过发射光学系统压窄整形，照射目标。发射激光脉冲经过大气传输和目标反射回到接收光学系统，接收光学系统对回波脉冲信号进行收集汇聚，以光子的形式耦合到单光子探测器上。探测器将探测到的光子转换成电脉冲，经过放大器放大整形后输出一定幅度和形状的标准脉冲，供后级光子计数电路进行计数。

在系统中，时序控制电路产生控制探测器工作的门控信号，来控制探测器在合适的时候工作，同时产生控制信号触发光子计数电路开始计数。

微脉冲激光测距是先探测、记录所有的响应脉冲信号，后将多次测量结果累加，再判断哪个时间窗内的响应脉冲是回波信号产生。对单次测量而言，它可以允许较低的探测概率和较高的虚警率，通过累加，利用统计的方法实现一帧测距较高的探测概率和较低的虚警率。

  将 N 周期的测距结果进行累加,回波光子的响应信号都落入同一个时间窗内,而噪声落入同一个距离窗的概率非常小。N 个周期的响应信号累加形成一帧,经过一帧的时间后,把每个距离窗内的累加的响应信号次数与设定的阈值 K_{th} 相比较,若累加次数超过 K_{th},就认为是回波信号,小于 K_{th},则认为是噪声。每一个时间窗对应一个距离值,将累加次数超过阈值 K_{th} 所对应的时间窗转化为距离值,即为目标距离。

■ 2.4 微脉冲单光子激光雷达测距技术理论分析

2.4.1 回波光子数计算方程

  微脉冲激光测距的发射和接收都建立在光子计数的概念上,把能量和功率变成某一段时间内的光子计数,其原理同样可以用激光雷达方程说明。

  发射激光通过发射系统到达目标,经目标反射后返回,接收系统通过接收回波信号并进行一系列处理得到与目标的位置关系。激光接收回波能量的大小可以用激光雷达方程来描述。激光雷达测距示意如图 2.7 所示。

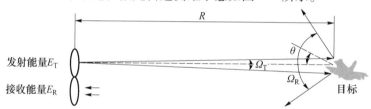

图 2.7 激光雷达测距示意

  设激光发射能量为 E_T,发射光学系统透过率为 η_T,激光在大气传输中单程透过率为 T_α,目标反射面法线与发射光学系统光轴的夹角为 θ,目标与激光雷达作用距离为 R,在距离 R 处激光光斑面积为 A。则目标处的光谱辐照度为

$$M_1 = \frac{E_T \eta_T T_\alpha}{A} \qquad (2.30)$$

  假设目标为朗伯散射面,目标面积为 A_T,反射率为 ρ,在接收光学系统处的光谱辐照度为

$$M_2 = \frac{A_T M_1 p \cos\theta T_\alpha}{\pi A R^2} \qquad (2.31)$$

  接收光学系统透过率为 η_R,接收光学系统有效面积为 A_R,经过光学接收系

统后探测器可接收到的回波能量为

$$E_{\mathrm{R}} = \eta_{\mathrm{R}} A_{\mathrm{R}} M_2 = \frac{E_{\mathrm{T}}\eta_{\mathrm{T}}\eta_{\mathrm{R}} A_{\mathrm{T}} A_{\mathrm{R}} p\cos\theta T_\alpha^2}{\pi A R^2} \tag{2.32}$$

式(2.32)描述了在对目标进行测距时接收到的单脉冲回波信号能量,用接收到的单脉冲回波信号能量除以单个光子的能量 $h\nu$,即得到单脉冲发射时接收到的回波信号光子数。每个发射脉冲可接收到的平均回波信号光子数为

$$N_{\mathrm{s}} = \frac{E_{\mathrm{R}}}{h\nu} = \frac{E_{\mathrm{T}}\eta_{\mathrm{T}}\eta_{\mathrm{R}} A_{\mathrm{T}} A_{\mathrm{R}} p\cos\theta T_\alpha^2}{\pi h\nu A R^2} \tag{2.33}$$

机载激光测距系统要能够对地面和空中的目标进行测距,对于不同的测距目标,其激光测距距离计算方程也会有所不同。

在空对地测距时,目标面积大于激光光束的光斑面积,发射的激光光斑全部落在目标上,并位于接收视场内,在计算时,可认为反射面积与激光光束横截面积相等。扩展目标测距示意如图 2.8 所示。

图 2.8　扩展目标测距示意

设激光发散角为 θ_{T},发射立体角为 Ω_{T},目标与激光雷达作用距离为 R,则在距离 R 处,激光光斑面积为

$$A = \Omega_{\mathrm{T}} R^2 = \frac{\pi\theta_{\mathrm{T}}^2}{4} R^2 \tag{2.34}$$

因此,针对面目标,作用距离方程为

$$N_{\mathrm{sb}} = \frac{E_{\mathrm{T}}\eta_{\mathrm{T}}\eta_{\mathrm{R}}\rho A_{\mathrm{T}}\cos\theta}{\pi h\nu R^2} T_\alpha^2 \tag{2.35}$$

在空对空测距时,目标完全或部分位于激光光斑内,并且另有部分激光光斑位于目标外,不会被反射,此时测距方程中的目标面积要用目标上被激光照亮的全部面积来计算。点目标测距示意如图 2.9 所示。

激光光斑面积 $A = A_{\mathrm{T}}$,那么,针对点目标,激光测距方程可改写为

$$N_{\mathrm{ss}} = \frac{4E_{\mathrm{T}}\eta_{\mathrm{T}}\eta_{\mathrm{r}}\rho A_{\mathrm{T}} A_{\mathrm{s}}\cos\theta}{\pi^2 h\nu\theta_{\mathrm{t}}^2 R^4} T_\alpha^2 \tag{2.36}$$

图 2.9   点目标测距示意

2.4.2   背景辐射光子数计算

激光测距系统在接收回波信号的同时也会接收到背景光辐射,常见的背景光辐射源包括太阳光的直射以及地球目标、星体、大气等对太阳光的反射等。激光测距系统的背景辐射主要由目标对太阳光的反射和太阳光的大气散射两部分组成。

假定目标是朗伯漫反射面,漫反射系数为 ρ,完全在接收机视场内,激光测距系统接收背景噪声示意如图 2.10 所示。

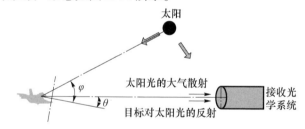

图 2.10   激光测距系统接收背景噪声示意

太阳是一个朗伯辐射源,假设太阳光对地面的光谱辐照度为 H_λ,考虑到太阳射线和目标表面法线的夹角 φ,则二次辐射源的光谱辐射亮度为

$$L_\lambda = \rho H_\lambda \cos\varphi / \pi \tag{2.37}$$

目标对太阳光的反射可以认为是一个扩展背景源,根据扩展背景源的公式,接收光学系统接收到目标反射的太阳辐射光子数为

$$N_{\mathrm{br}} = \frac{\pi \eta_{\mathrm{R}} T_\alpha \theta_{\mathrm{r}}^2 d_{\mathrm{r}}^2 \Delta\lambda}{16 h\nu} M_\lambda = \frac{\pi}{16 h\nu} \eta_{\mathrm{R}} T_\alpha \theta_{\mathrm{r}}^2 d_{\mathrm{r}}^2 \Delta\lambda \rho H_\lambda \cos\theta \cos\varphi \tag{2.38}$$

式中:η_{R} 为光学系统透过率;T_α 为大气透过率;θ_{r} 为接收视场的平面角;d_{r} 为接收光学系统接收孔径直径;$\Delta\lambda$ 为滤波带宽;$\cos\theta$ 反映了接收机与目标相对位置的影响;$\cos\varphi$ 反映了太阳与目标相对位置的影响。

太阳光对大气的散射也是构成背景噪声的一个重要原因。假定大气均匀且认为产生各向同性散射,太阳光大气散射的光谱辐射亮度为 L_λ,根据太阳光的大气散射辐射亮度的定义,接收光学系统接收到的太阳大气散射光子数为

$$N_{bs} = \frac{\pi^2}{16h\nu}\eta_R \theta_r^2 d_r^2 L_\lambda \Delta\lambda \tag{2.39}$$

式中:h 为普朗克常量;ν 为光频率。

目标对太阳的反射和太阳光的大气散射是同时出现的,实际的背景噪声光子数(BNPN)是式(2.39)和式(2.40)之和,即

$$N_b = N_{br} + N_{bs} = \frac{\pi}{16h\nu}\eta_R \Delta\lambda \theta_r^2 d_r^2 (\rho T_\alpha H_\lambda \cos\theta\cos\varphi + \pi L_\lambda) \tag{2.40}$$

2.4.3　回波光子数概率模型

利用激光测距方程得到的回波光子数(EPN)只是一个平均值,信号光子数的分布可以用泊松分布描述。每个脉冲返回 k 个信号光子数的概率为

$$P_s(k) = \frac{e^{-N_s} N_s^k}{k!} \tag{2.41}$$

接收系统除接收信号光之外,还会接收背景光,每个脉冲时间内接收 k 个背景光子数的概率为

$$P_b(k) = \frac{e^{-N_b} N_b^k}{k!} \tag{2.42}$$

系统采用单光子探测器对接收到的光信号进行光电转换,单光子探测器是一种高灵敏度探测器,可以对接收到的单个光子进行响应,单光子探测器(SPD)对入射光子的探测能力由探测器的量子效率决定。单光子探测器产生初级光电子的过程可以视为 n 重伯努利实验,其结果仍为泊松分布,只不过平均值随量子效率衰减。初级光电子(PP)数为

$$N_{se} = \eta_q N_s \tag{2.43}$$

式中:η_q 为探测器的量子效率。

每个脉冲产生 m 个初级光电子的概率为

$$P_{se}(m) = \frac{e^{-n_{se}} N_{se}^m}{m!} = \frac{e^{-\eta_q N_s}(\eta_q N_s)^m}{m!} \tag{2.44}$$

同理,每个脉冲产生 m 个背景噪声产生的初级光电子被探测到的概率为

$$P_{be}(m) = \frac{e^{-N_{be}} N_{be}^m}{m!} = \frac{e^{-\eta_q N_b}(N_b \eta_q)^m}{m!} \tag{2.45}$$

式中:N_{be} 为探测器探测到的平均背景噪声初级光电子数,$N_{be} = N_b \eta_q$。

实际的单光子探测器在没有入射光的情况下也会产生初级光电子,这是由探测器自身的暗噪声(DN)造成的,不同探测器的暗噪声是不相同的,但其产生

噪声光电子数也可视为服从泊松分布。假设探测器平均产生 N_{de} 个噪声初级光电子,由于两个各自独立的泊松分布之和仍是泊松分布,则产生的平均噪声初级光电子数为背景光产生初级光电子和探测器产生初级光电子之和,其分布可表示为

$$P_{ce}(m) = \frac{e^{-N_{ce}} N_{ce}^m}{m!} = \frac{e^{-(N_{be} + N_{de})}(N_{be} + N_{de})^m}{m!} \tag{2.46}$$

单光子探测器的输出就是对初级光电子的响应脉冲,理想情况下,每产生一个初级光电子,探测器就会输出一个脉冲。实际上,探测器都存在一个探测概率,这个探测概率受环境温度、偏置电压等因素的影响。

2.4.4 探测概率和虚警率的计算

微脉冲激光测距时,将一个脉冲周期划分为 N_{bin} 个等时间的时间窗,一个响应信号脉冲落入一个时间窗内,并在对应时刻存储单元加"1",一个脉冲的到达和记录并不影响其他脉冲的记录。在一个周期测量中,光子计数系统会把该脉冲周期内所接收到的响应信号脉冲全部记录下来,此时记录的响应信号包括回波和噪声产生的响应。

设触发探测器的时刻总光子数为 N_{te},探测器探测阈值为 K,回波到达时刻为 t,则单周期回波信号探测示意如图 2.11 所示。

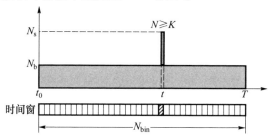

图 2.11　单周期回波信号探测示意

由图 2.11 可以看出,在一个脉冲周期内对 t 时刻的回波光子实现有效探测的概率为

$$P_d = P([t_0, t), N = 0) \times P(t, k \geq K) = \exp[-M(0, t)] \times \{1 - \exp[-M(t)]\} \tag{2.47}$$

在单光子探测条件下,回波脉冲光子数很少,其过程近似为泊松分布过程。回波光子和背景光光子到达探测器光敏面,被探测器吸收,产生主电子,并进一步引发雪崩产生响应信号。由信号光子和背景光子引发探测器产生主要电子的过程也都服从泊松统计分布。

总光子数包括信号光子、背景光光子和探测器暗计数(DC)。单光子探测器

的暗计数在进行制冷时会显著降低,当制冷温度为 -40℃时,暗计数只有几十赫,远小于背景辐射光子数,可以忽略。因此,总光子数可看成回波信号光子和背景辐射光子之和,即 $n_t = n_s + n_b$。单光子探测器能够对单个光子响应,所以探测阈值 $K = 1$,即单个光子的入射就能引发探测器的响应。

在一个脉冲周期内,对 t 时刻回波光子的探测概率为

$$P_d = e^{-N_b} \cdot \left[1 - e^{-(N_s + N_b)} \right] \tag{2.48}$$

微脉冲激光测距系统的发射激光单脉冲能量很小,远程测距时回波只有几个光子,单光子探测器把接收到的回波光子转换成电脉冲信号。一般情况下,一个脉冲周期内探测到一个回波光子的概率很小,一部分脉冲周期内会探测到回波光子,还有许多脉冲周期内探测不到回波光子。

脉冲激光测距并不追求单个周期的高探测概率,而是采用时间相关光子计数法对响应信号进行处理,通过对多次回波信号进行累加比较(图 2.12),来实现高的探测概率。

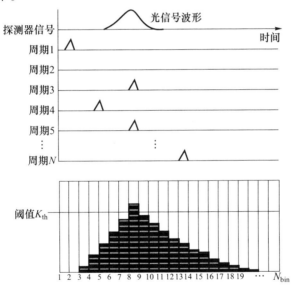

图 2.12　微脉冲测距累加示意

将 N 脉冲进行累加,单个激光脉冲回波信号探测到的初级光电子数服从泊松分布,经过 N 次累加,可以看作 N 次伯努利实验,结果仍服从泊松分布。若超过阈值 K_{th} 的,则认为是正确的回波信号。系统的探测概率为

$$P_D = P(K \geqslant K_{th}) = 1 - e^{-(N_s + N_b)} \sum_{k=0}^{K-1} \frac{(N_s + N_b)^k}{k!} \tag{2.49}$$

同理,虚警率为

$$P_f = P(K \geqslant K_{th}) = 1 - e^{-N_{be}} \sum_{k=0}^{K-1} \frac{N_{be}^k}{k!} \qquad (2.50)$$

式(2.50)为一个时间窗内的虚警率,整个周期内的虚警率为

$$P_F = 1 - (1 - P_f)^{N_{bin}} \qquad (2.51)$$

式中:N_{bin}为一个周期内时间窗的个数。时间窗宽度的设置要根据探测电路的死时间来确定。

2.5 机载微脉冲单光子激光测距的关键技术分析

微脉冲激光测距技术已经成功应用于人造卫星激光测距中,而在机载条件下,对测距系统的体积、功耗都有一定的限制,同时机载测距的目标为非合作目标,且目标距离变化范围很大。因此,将微脉冲激光测距应用于机载平台中,还需要对一些关键技术进行研究,主要包括微脉冲激光器发射技术、背景辐射抑制技术、单光子探测技术和目标信息计算与重构技术等。本节主要研究背景辐射抑制技术和单光子探测技术。

2.5.1 背景辐射抑制技术

机载激光测距系统需要工作在昼夜条件下,白天天空背景光强度大约是夜晚的10^6倍,达到10^{-10}W,而微脉冲测距时回波信号强度仅有10^{-16}W,远远小于背景光的强度。为了能够探测到十分微弱的回波信号,必须大幅度地抑制背景光噪声。

常用的抑制背景光噪声的方法有距离选通法、光学系统分光法、空间滤波场法、光谱滤波法、时间滤波法等,在微脉冲测距中常常选择几种方法组合使用。如何选择合适的背景抑制方法,并将其合理地组合使用是实现机载微脉冲激光测距的一个关键问题。

另外,通过增加脉冲累积次数可以减小噪声干扰,提高系统信噪比,优化系统测距性能。增加脉冲累积次数的方法,并未减小噪声大小,其利用信号的相关性和噪声的随机分布特性,信号在同一距离、同一时间出现,而噪声在同一距离、同一时间出现的概率较小,增加脉冲累积次数,等效于提高了回波信号的相对强度。脉冲累积次数越多,系统信噪比越高,探测灵敏度越高。

2.5.2 关键技术分析

由2.5.1节光子计数激光测距系统的构成和原理可知,光子计数激光测距中的关键技术包括高重频激光源技术(HFLST)、单光子探测技术(SPDT)以及高速数字信号处理技术(HSDSPT)等。本节结合机载场合的条件限制,对这些关

键技术进行简单分析。

2.5.2.1　高重频激光源技术

1）激光发射重频

光子计数激光测距通过几十甚至几百列回波信号的叠加来提高信噪比,设回波叠加次数为 n。当激光源重复发射周期为 T 时,一次测距中激光发射与回波信号接收所占据的时间为 nT。另外,对回波信号需要进行光子叠加计数和进一步的信号处理,该过程耗费的时间为 t',其值根据算法的复杂程度和数字芯片的处理速度而异。

现代战机、导弹等目标飞行速度已可达到或超过声速,迎面飞行时相对速度 v 更大。在全部 n 列激光脉冲发射的过程中,目标飞行距离为

$$l' = nvT \qquad (2.52)$$

因此,脉冲发射周期 T 越大,目标飞行距离越远,测距实时性越差。

同样,在目标相对飞行速度很大时,目标距离更新速率太慢会导致目标飞出测距机的视野,跟踪失败。因此,要求以较高频率得出目标距离,典型值为 5Hz,即以周期 $T' = 200\text{ms}$ 完成一次测距。在时间 T' 内要完成激光脉冲串发射与回波接收、信号处理等过程,此外须留下部分时间余量,用于复杂信号处理算法的开发应用等。因此须满足

$$nT + t' < T' \qquad (2.53)$$

另外,当脉冲发射周期为 T 时,所记录的回波信号周期也为 T,目标飞行时间 $t > T/2$ 时会导致距离模糊问题。传统非编码的脉冲测距技术无法解决距离模糊问题,其测距量程受限于脉冲发射周期 T,测距机量程为 L 时,须满足

$$cT/2 \geqslant L \qquad (2.54)$$

机载测距机的量程要求 $L \geqslant 100\text{km}$。综合以上分析,可知选定激光脉冲发射周期 $T = 1\text{ms}$,即发射周期为 $f = 1\text{kHz}$ 时,可以满足以上要求。

2）激光发射功率

由激光测距能量传输公式可知,激光回波信号的能量 E_r 与发射脉冲的能量 E_t 成正比。激光发射功率越大,所接收回波信号能量越大,信噪比越高,越容易检出距离。

激光发射功率的提高受机载环境和现有激光器技术的限制。针对发射重频为 1kHz 的激光脉冲,单脉冲能量可为十几毫焦。激光发射能量并非越高越好,能量越高,对能量供应要求越高,且会使回波能量过强而损害探测器,在实际应用中需要根据测距系统和环境的参数以及能量传输公式来计算。一般来说,对百千米左右的目标进行测距时,在保证较小的发散角的条件下,发射脉冲能量在毫焦量级即能保证回波能量在单光子级别。

2.5.2.2 单光子探测技术

单光子探测模块将接收到极微弱的光子信号转化为标准数字脉冲,可分为单光子探测和电信号数字化。

1) 单光子探测

单光子探测采用高灵敏度的单光子探测器。单光子探测器所探测的光强度比光电检测器本身在室温下的热噪声水平(10^{-14}W)还要低,其灵敏度可以达到单光子量级(10^{-16}W)。它基于外光电效应或者内光电效应,将探测到的光子转换为电信号,并进行放大,输出电脉冲。目前常用的单光子探测器有光电倍增管(PMT)和盖格模式的雪崩光电二极管(GAPD)。

单光子探测器的重要性能参数如下[57-58]:

(1) 探测效率:用于表征单光子探测器光电转换能力的物理量,定义为输出的光生电子空穴对的数目与入射光子数的比例,又称为量子效率。对于一个实际的器件,入射光子中总会有一部分在探测器表面被反射而探测不到,因此探测效率不可能达到1。对于激光测距机工作所用的近红外波段,PMT 的量子效率一般为 30% 左右,而 GAPD 的量子效率为 10% ~50%。

(2) 暗计数:在外界没有任何信号光输入的情况下,探测器由于自身材料或电路等存在的缺陷而产生的电信号。PMT 的暗计数率可低至 10Hz,而 GAPD 根据所选材料的不同,暗计数率变化范围由几十赫至 10kHz 量级。

(3) 死时间:探测器探测到一个光子并放大产生电信号后,自身需要一段时间来使电路恢复,才可进行下一次光子探测,这段恢复时间称为探测器的死时间。常用单光子探测器的死时间一般在几十纳秒左右。

(4) 可探测波长范围:单光子探测器可以响应的波段。许多单光子探测器对于探测波段有一定的要求,硅单光子探测器只可以探测 400 ~1100nm 的波段,铟镓砷单光子探测器可探测波长范围为 1000 ~1700nm。

(5) 光子数分辨能力:探测器是否可区别单个信号光子和多个信号光子的能力。目前常用的探测器如 GAPD,不具有光子数分辨能力,探测到一个或多个光子最终输出一个计数脉冲,探测不到光子则无电脉冲输出。

单光子探测器的选择主要受激光工作波段、可容许的暗计数、能达到的计数率、耐用性和预算等因素的限制,合适的单光子探测器对系统的测距能力起着至关重要的作用。PMT 由于体积庞大、抗电磁干扰能力差,且包含真空易碎器件,限制了在机载测距领域的应用;在机载测距场合中目前主要使用 GAPD。

2) 电信号数字化

依据光电效应(PE)原理,单光子探测器对探测到的光子(信号光子以及背景光等噪声光子)进行光电转换(PC),并在探测器内部进行倍增放大,增益可达

$10^5 \sim 10^9$,最终输出最大约微安量级、脉宽极窄(小于 1ns)的雪崩电流脉冲;同时由于探测器的暗计数和后脉冲现象,在输出电脉冲中叠加了噪声信号造成的毛刺。而后端进行光子叠加计数和数据处理均要求输入为数字信号。因此,探测器输出的电脉冲必须经过数字化处理才可进一步处理。数字化的主要步骤包括放大、电平鉴别和波形整形,如图 2.13 所示。

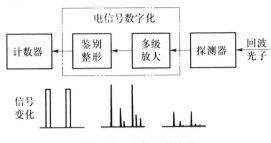

图 2.13　电信号数字化

放大电路将探测器输出的微伏量级的电信号放大到 $1 \sim 10V$,放大倍数极大,因此一般采用多级放大电路来实现。此时,前级放大电路引入的热噪声将同时放大给多个下级电路。因此,应在放大电路中设计带通滤波电路,在保证信号不失真(满足频率响应条件)的情况下尽可能压缩带宽,提高信噪比;同时要求放大电路的上升时间尽可能短。

探测器自身的热噪声脉冲幅度较小,而光子产生的电脉冲幅度较大,通过统计得到合理的阈值电平。使用高精度的电压比较器进行鉴别,将幅度小于阈值电压的噪声滤除,提取光子响应信号。最后进行整形,根据后端数字信号处理芯片的工作时钟,将鉴别后的光子响应信号转化成合适宽度的标准数字脉冲。

2.5.2.3　高速数字信号处理技术

对回波信号进行处理、重构出距离信息的过程中,采用了数字信号处理技术,需使用高速数字芯片来完成。常用的数字信号处理芯片有现场可编程门阵列(FPGA)和数字信号处理器(DSP)等。FPGA 具有高速的并行处理能力,主要用于时序、组合逻辑电路的开发。DSP 是一种微处理器,专用于复杂数字信号处理。

回波信号的处理主要包括光子叠加计数和距离提取。光子叠加计数模块根据主波与回波信号的时序特征、按照回波周期 T 对电脉冲进行计数,主要为时序逻辑电路。距离提取需要通过复杂算法的处理,从叠加后的数据中筛选出目标反射信号所在位置,从而得到脉冲飞行时间,计算出目标距离。该模块主要进行复杂算法处理,存在大量运算。因此,分别使用 FPGA 和 DSP 完成光子叠加计数与距离提取功能。

由 2.4.1 节分析知,数字芯片的处理速度直接关系到距离更新速率,影响测距效果。另外,FPGA 中并行逻辑的处理能力受限于逻辑单元的数目和片上存储容量,而算法处理能力受到 DSP 中乘法器等资源的影响。因此,要依据测距系统相关指标选择合适的 FPGA 和 DSP 等数字芯片。

2.6 本章小结

本章首先介绍了脉冲激光雷达的系统组成,结合脉冲激光目标光探测过程中激光发射、传播、反射与接收的光功率传递关系,依据扩展目标和点目标的不同激光目标截面积特性,基于雷达方程推导了脉冲激光测距基本方程,结合光电探测的光电子转换关系,得到光电转换信噪比模型;其次对光子计数激光测距的系统构成和测距原理进行了简单分析,着重介绍了时间相关光子计数原理和对信噪比的提高程度;然后推导了测距中的激光能量传输公式,指出采用单光子探测可有效提高测距能力;最后介绍了光子计数激光测距中的高重频激光源、单光子探测技术和高速数字信号处理等关键技术。

参考文献

[1] 田玉珍,赵帅,郭劲. 非合作目标光子计数激光测距技术研究[J]. 光学学报,2011,31(5):0514002.

[2] Powell W, Hicks E, Pinchinat M. Reconfigurable computing as an enabling technology for single – photon – counting laser altimetry[C]. 2004 IEEE Aerospace Conference Proceedings, 2004:2327 – 2337.

[3] 韩万鹏,蒙文,李云霞,等. 提高近程运动目标实时测距性能的方法研究[J]. 应用光学, 2012,33(2):245 – 250.

[4] 张廷华,樊桂花,何永华. 多脉冲激光回波信号处理方法研究[J]. 装备指挥技术学院学报,2011,22(1):93 – 96.

[5] 邵永进,祝连庆,郭阳宽,等. 单光子计数系统及其噪声分析[J]. 现代电子技术,2013, 36(6):167 – 170.

[6] Cova S, Bertolaccini M, Bussolati C. Active – quenching and gating circuits for single – photon avalanches diodes(SPADs)[J]. IEEE Trans. Nucl. Sci, NS29,599 – 601(1982).

[7] 章正与,眭晓林. 激光测距弱信号数字相关检测计数的研究与仿真[J]. 中国激光, 2002,29(7):661 – 665.

[8] Becker W. 高级时间相关单光子计数技术[M]. 屈军乐,译. 北京:科学出版社,2009.

[9] 钟声远,李松山. 脉冲串激光测距技术研究[J]. 激光与红外,2006,36(9):797 – 799.

[10] 褚贵富,孙复兴,戴永江. 光子计数法及其在微脉冲激光测距中的应用[J]. 光电子·激光,2001,12(8):860 – 863.

[11] 潘秋娟,房庆海,杨艳. 高重复率卫星激光测距的关键技术及发展[J]. 激光与光电子学进展,2007,44(7):33 – 39.

[12] 王萱. 光子计数系统中光电倍增管的选取方法[J]. 煤炭技术,2009,28(8):141 – 143.

[13] 赵菲菲. 一种高速度高密度的单光子雪崩二极管探测器的研究与设计[D]. 南京:南京邮电大学,2013.

[14] 聂诚磊,杨晓红,韩勤. 量子点单光子探测器的研究进展[J]. 半导体光电,2013,34(4):542 – 548.

[15] 杨皓,王超,孙志斌,等. 高速近红外 1550nm 单光子探测器[J]. 红外与激光工程,2012,41(2):325 – 329.

[16] 吴青林,刘云,陈巍,等. 单光子探测技术[J]. 物理学进展,2010,33(3):296 – 305.

[17] 任昱. 高速单光子探测及应用研究[D]. 上海:华东师范大学,2013.

[18] 宣飞,辛欢,曹昌东,等. 水下微脉冲激光雷达单光子测距计数研究[J]. 激光与红外,2011,41(9):983 – 985.

[19] 宋丰华. 现代光电器件及应用[M]. 北京:国防工业出版社,2004.

[20] 李维勇. 单光子计数系统研究[D]. 武汉:华中科技大学,2007.

第 ❸ 章

激光大气传输与背景辐射特性研究

激光测距系统以大气为传输信道,激光在大气中传输时会受到大气中颗粒分子等的影响而衰减,这些影响主要包括吸收、散射和湍流。吸收和散射使激光能量衰减,湍流使光学折射率发生随机变化,激光束经过时会引起波前畸变,改变激光强度和相干性。大气对激光传输的影响如图 3.1 所示。

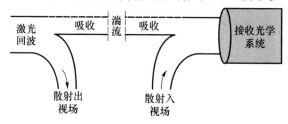

图 3.1　大气对激光传输的影响

由图 3.1 可以看出,大气吸收和散射出视场降低了激光回波的强度,大气吸收和散射入视场降低了激光回波信号的信噪比,后面主要研究大气分子和气溶胶对激光的吸收和散射效果。

◳ 3.1　激光大气传输特性研究

3.1.1　大气分子吸收

激光在大气中传输时,大气分子在激光电场的作用下产生极化,并以入射光的频率做受迫振动,所以为克服大气分子内部阻力要消耗能量,表现为大气的吸收。

大气中 N_2、O_2 分子虽然含量最多(约 90%),但它们在可见光和红外区几乎不表现吸收,对远红外和微波段才呈现出很大的吸收。H_2O 和 CO_2 分子,特别是 H_2O 分子在近红外区有宽广的振动 – 转动及纯振动结构,因此是可见光和近红外区最重要的吸收分子,是晴天大气光学衰减的主要因素。

由于气体的吸收作用使得大气的吸收光谱成为一些相互隔离的吸收带。每个吸收带由大量不同程度重叠的各种强度的光谱线组成。这些谱线相互重叠的程度与谱线的位置半宽度、吸收分子类型有关。大气分子对激光的吸收由分子吸收光谱特性决定,大气吸收光谱如图 3.2 所示。

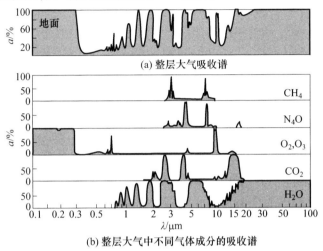

(a) 整层大气吸收谱

(b) 整层大气中不同气体成分的吸收谱

图 3.2　大气吸收光谱

激光穿过整层大气时,由于 O_2、O_3 等分子的吸收,波长小于 $0.3\mu m$ 的紫外线几乎全部被吸收,大于 $20\mu m$ 的红外线几乎全部被吸收,在可见光波段,只有少数分子存在较弱的吸收线,可见光 $0.4 \sim 0.76\mu m$ 透射率,在红外区域,吸收率较复杂,$1\mu m$ 附近,$3 \sim 5\mu m$,$8 \sim 12\mu m$,其余区域将被强烈吸收。

对某些特定的波长,大气呈现出极强的吸收,光波几乎无法通过。根据大气的这种选择吸收性,将透过率较高的波段称为大气窗口,在这些大气窗口内,大气分子呈现弱吸收。从图 3.2 中可以看出,大气窗口在 $0.4 \sim 1.1\mu m$、$1.5 \sim 1.7\mu m$、$2.1 \sim 2.3\mu m$、$3.2 \sim 3.6\mu m$ 波段,大气窗口波段的激光在大气中传输损耗较小,其中 $0.4 \sim 1.1\mu m$、$1.5 \sim 1.7\mu m$ 波段适用于激光测距。

3.1.2　大气分子散射

大气中总存在着局部的密度与平局密度的统计性偏离,即密度起伏,破坏了大气的光学均匀性,一部分光辐射会向其他方向传播,从而导致光在各个方向上的散射。

根据被散射激光的波长与引起散射的粒子尺寸之间的关系,可以将散射现象分为瑞利散射、米(Mie)散射和无选择散射。

瑞利散射是指当激光光束波长比粒子半径大得多时所产生的散射。散射元基本上是大气中的气体分子,一般发生在上层大气中。当粒子的尺寸和激光光束波长差不多时,产生的散射是米散射。在低层大气中,影响透射率的主要因素是大气的米散射。当粒子尺寸比激光光束波长大得多时,产生无选择性散射。

在可见光和近红外波段,辐射波长总是远大于分子的线度,这一条件下的散射为瑞利散射。瑞利散射系数的经验公式为

$$\sigma_m = 0.827 \times N \times A^3 / \lambda^4 \tag{3.1}$$

式中:σ_m 为瑞利散射系数(cm^{-1});N 为单位体积中的分子数;A 为散射面积(cm^2);λ 为波长(cm)。

瑞利散射光的强度与波长的 4 次方成反比:波长越长,散射越弱;波长越短,散射越强烈。

式(3.1)只适用于在低层大气中计算大气散射系数,随着高度的变化,大气散射系数也会发生变化,越是高空条件下,空气相对越纯净,大气散射的影响越小。

3.1.3 大气气溶胶的衰减

大气中有大量粒度在 0.03 ~ 2000μm 之间的固态和液态微粒,如尘埃、烟粒、微水滴、盐粒以及有机微生物等。由于这些微粒在大气中的悬浮呈溶胶状态,所以通常又称为大气气溶胶。大气气溶胶对激光的衰减包括气溶胶的散射和吸收。

当激光的波长相当于或小于散射粒子尺寸时,产生的散射是米散射。米散射主要依赖于散射粒子的尺寸、密度分布以及折射率特性,与波长的关系远不如瑞利散射紧密。

气溶胶微粒的尺寸分布极其复杂,受天气变化的影响也十分大,霾、云和降水天气的物理参数如表 3.1 所列。不同天气类型的气溶胶粒子的密度及线度的最大值列于其中。

表 3.1 霾、云和降水天气的物理参数

天气类型		N/cm^{-3}	$\alpha_{max}/\mu m$	气溶胶类型
霾	M 型	100	3	海上或岸边的气溶胶
	L 型	100	2	大陆性气溶胶
	H 型	100	0.6	高空或平流层的气溶胶
雨	M 型	100	3000	中雨或者小雨
	L 型	1000	2000	大雨
冰雹,H 型		10	6000	含有大量小颗粒的冰雹
积云	C.1 型	100	15	积云或云、雾
	C.2 型	100	7	有色环的云
	C.3 型	100	3.5	贝母云
	C.4 型	100	5.5	太阳周围的双层或三层环的云

根据单色辐射衰减的朗伯定律,在大气水平均匀条件下,只考虑气溶胶衰减,大气透过率为

$$T_\lambda = \exp(-\beta_{a\lambda}L) \tag{3.2}$$

式中:L 为水平传输距离。$\beta_{a\lambda}$ 可写为

$$\beta_{a\lambda} = A\lambda^{-q} \tag{3.3}$$

两边取对数可得

$$\ln\beta_{a\lambda} = \ln A - q\ln\lambda \tag{3.4}$$

可见,$-q$ 是 $\ln\beta_{a\lambda} - \ln\lambda$ 的直线斜率,q 值可通过实验确定。根据能见度的定义可求得

$$\beta_{a\lambda} = \frac{3.91}{R_V}\left(\frac{550}{\lambda}\right)^q \tag{3.5}$$

式中:R_V 为能见度(km);q 为修正因子。

对于可见光,$\lambda/0.55 \approx 1$,故有 $\beta_{a\lambda} = 3.91/R_V(km)$。

对于近红外射线,q 的取值如表 3.2 所列。

表 3.2　近红外射线不同能见度条件下 q 的取值

q	能见度 R_V/km	能见度描述
1.6	>80	能见度很好
1.3	≈10	中等能见度
0.585	<6	能见度很差

3.1.4　大气湍流

激光的大气湍流效应实际上是指激光在折射率起伏场中传输时的效应。湍流理论表明,大气速度、温度、折射率的统计特性服从"2/3 次方定律",即

$$D_i(r) = \overline{(i_1 - i_2)^2} = C_i^2 r^{2/3} \tag{3.6}$$

式中:i 分别代表速度 v、温度 T 和折射率 n;r 为考察点之间的距离;C_i 为相应的电磁场的折射率结构常数($m^{-1/3}$)。

湍流的结构常数是描写湍流的重要参数。大气的湍流折射率的统计特性直接影响激光束的传输特性,通常用折射率结构常数 C_i 表征湍流强度:弱湍流,$C_n = 8 \times 10^{-9}\ m^{-1/3}$;中等湍流,$C_n = 4 \times 10^{-8}\ m^{-1/3}$;强湍流,$C_n = 5 \times 10^{-7}\ m^{-1/3}$。

当 $r = 100km$ 时,经计算折射率变化为:弱湍流,$D_i = 1.47 \times 10^{-13}$;中等湍流,$D_i = 3.45 \times 10^{-12}$;强湍流,$D_i = 5.39 \times 10^{-10}$。由以上计算结果可以看出,100km 以内,大气湍流效应引起的折射率变化较小,基本可以忽略。

3.1.5　激光大气透过率

从上述分析可以看出,大气分子和大气气溶胶的吸收和散射对激光传输路

径上的衰减都有贡献。激光光束的散射、吸收与大气的许多物理性质、变化的气象条件等有关,因此,激光光束在大气中的传输特性是很复杂的。一般来讲,激光光束沿大气路程的单色透射率,由吸收和散射两部分组成。然而,散射和吸收过程通常又是同时产生的,气体分子、气溶胶和悬浮颗粒对吸收和散射都有贡献。对均匀水平路程 R,在单色激光光束情况下,总透射率为

$$\tau_{\lambda T} = \exp[-(\sigma_{\lambda_m} + \sigma_{\lambda_a} + k_{\lambda_m} + k_{\lambda_a})R] \tag{3.7}$$

式中:$\sigma_{\lambda m}$ 为大气分子的散射系数;$\sigma_{\lambda a}$ 为气溶胶的散射系数;$k_{\lambda m}$ 为大气分子的吸收系数;$k_{\lambda a}$ 为气溶胶的吸收系数。

◾ 3.2 激光传输大气透过率仿真计算

3.2.1 大气透过率与波长的关系

激光在大气中传输时会受到大气的吸收和散射作用而损耗掉部分能量,不同波长的激光在大气中传输时损耗是不同的。图 3.3 是利用 MODTRAN4.0 仿真得到的大气透过率(AT)随波长的变化关系,波长范围为 $0.5 \sim 1.6\mu m$,飞机飞行高度为 5km,中纬度夏季,无云或无雨,水平等压路径,乡村消光系数,能见度为 23km,传输距离为 100km。

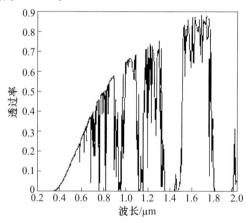

图 3.3 大气透过率与波长的关系

由图 3.3 中不同波长的大气透过率可以看出,$0.5 \sim 0.7\mu m$、$0.7 \sim 0.9\mu m$、$0.95 \sim 1.1\mu m$、$1.2 \sim 1.3\mu m$、$1.5 \sim 1.7\mu m$ 波段的激光在大气中传输损耗较小。

激光波长的选择不仅考虑大气传输特性的影响,还要顾及探测器对激光信号的响应度(TR),同时人眼安全也是激光测距的发展趋势。$1.57\mu m$ 具有大气传输性能好,对雾、霾和战场烟雾的穿透能力强,对人眼安全,太阳光谱辐照度低

等优势,本节选取 1.57μm 波长进行研究。

3.2.2　大气透过率与地面能见度的关系研究

　　激光在大气中传输时会受到天气的影响,能见度的好坏影响激光在大气中的透过率。能见度是大气散射情况的一个表征量,能见度越高,大气散射系数越小,激光在大气中传输时的透明度越高。

　　图 3.4 为不同能见度条件下激光的大气透过率。其计算条件:中纬度夏季,飞机飞行高度为 5km,斜路径入射到地,有多次大气散射,无云无雨,中心波长为 1.57μm。

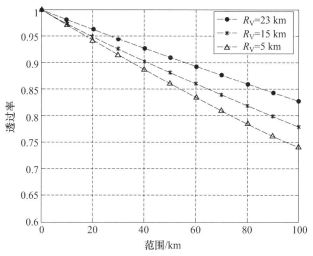

图 3.4　大气透过率和能见度的关系

　　从图 3.4 可以看出,随着测距距离的增加,大气透过率呈下降趋势;在相同测距条件下,能见度越高,大气透过率越大。这是因为能见度越高,空气中气溶胶的含量越少,气溶胶的吸收和散射作用越小,大气透过率越高。

3.2.3　大气透过率与海拔的关系研究

　　海拔对大气透过率有很大的影响;海拔越高,大气环境相对越纯净,对激光信号的衰减越小;海拔越低,水蒸气的浓度越大,水蒸气吸收的激光能量越多。对于波长较短的激光而言,大气的米散射对激光传输的影响较大,瑞利散射并不重要。当海拔较低时,米散射是影响透过率的主要因素,此时激光传输的大气透过率相对较低;而海拔较高时,瑞利散射是影响透过率的主要因素,对于短波长激光,此时大气透过率相对较高。

　　图 3.5 为不同海拔下的激光大气透过率。计算条件:中纬度夏季,无云或无

雨,乡村消光系数,地面能见度 $R_V = 23km$,水平路径,中心波长为 $1.57\mu m$。

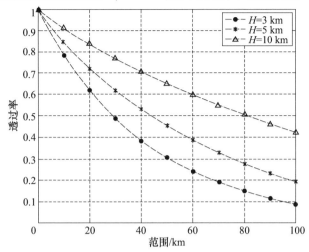

图3.5 大气透过率与海拔的关系

由图3.5可以看出,随着海拔的增高,激光的大气透过率也明显增大,这与理论分析是一致的。

3.3 背景辐射特性研究

常见的背景辐射源包括:太阳光的直射,环境温度辐射,地球目标、星体、大气等对太阳光的反射。激光测距机的背景光噪声主要由目标对太阳光的反射和太阳光的大气散射两部分组成。

3.3.1 目标对太阳光的反射

在大气辐射研究中,常称太阳辐射为短波辐射,以可见光与近红外为主,短波和长波辐射基本上以 $4\mu m$ 为分界。在太阳光谱中,可见光区($0.4 \sim 0.76\mu m$)的能量约占积分能量的40%,紫外区约占10%,红外区约占50%。

图3.6为利用MODTRAN 4.0仿真得到太阳的辐射光谱密度曲线。选择参数:中纬度夏季,地面能见度为23km,观察者高度为5km,太阳天顶角为45°,波长范围为 $0.4 \sim 2\mu m$。

从图3.6可以看出,太阳辐射能量主要集中在可见光区域,太阳辐射照度在 $0.55\mu m$ 附近到达最大值,然后随着波长的增加逐渐减小。太阳辐射照度在常用的激光测距波段532nm为 $0.11W/(cm^2 \cdot \mu m)$,1064nm为 $0.058W/(cm^2 \cdot \mu m)$,而在1570nm只有 $0.02W/(cm^2 \cdot \mu m)$,仅为1064nm的1/3。

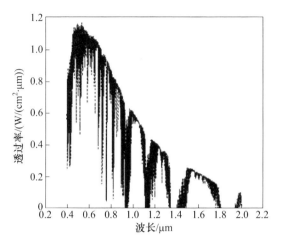

图 3.6　太阳对地面的光谱辐射照度

激光测距时一部分背景噪声来自目标对太阳光的反射,常见的地面平均反射率反射率如表 3.3 所列。

表 3.3　常见的地面平均反射率

地面状况	反射率/%
水面	6 ~ 8
阔叶林	13 ~ 15
草地、沼泽	10 ~ 18
灌木	16 ~ 18
田野	15 ~ 20
草原	5 ~ 25
沙漠	25 ~ 35
冰川、雪被	> 50

水面的反射率在 6% 以下,雪被为 60% ~ 80%,海水为 40% ~ 60%,裸露地表的反射率为 10% ~ 35%,其中沙漠的反射率最大,植被的反射率为 10% ~ 25%,而且绿色植被的反射率依赖于辐射波长,在近红外波段有较强的反射。这些表面的反射率随着太阳高度角增大而增大。

3.3.2　太阳光的大气散射

太阳光的大气散射光谱辐射亮度主要包括大气辐射(由大气或边界产生的所有热辐射)、由路径上的大气散射的太阳辐射和地面发射的太阳辐射三类。

在采用 MODTRAN 4.0 对水平路径上太阳光的大气散射光谱辐射亮度进行仿真时,仿真结果如图 3.7 所示。选择参数:中纬度夏季,地面反射率为 40%,

地面能见度为 23km，初始高度为 5km，终点高度为 5km，路径长度为 10km，太阳天顶角为 45°，波长范围为 $0.4 \sim 2\mu m$。

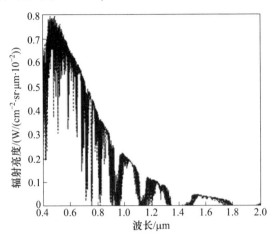

图 3.7　太阳光的大气散射光谱辐射亮度

从图 3.7 可以看出，在可见光波段，太阳光的大气散射光谱辐射亮度较强，在一定波长范围内，随着波长的增加，太阳光的大气散射光谱辐射亮度逐渐减弱。

3.3.3　不同测距路径下的背景辐射特性

背景光噪声主要由目标对太阳光的反射和太阳光的大气散射两部分组成。背景噪声光子数（BNPN）可按下式计算：

$$N_b = N_{br} + N_{bs} = \frac{\pi}{16h\nu}\eta_R\Delta\lambda\theta_r^2 d_r^2\rho T_\alpha H_\lambda\cos\theta\cos\varphi + \frac{\pi^2}{16h\nu}\eta_R\Delta\lambda\theta_r^2 d_r^2 L_\lambda \quad (3.8)$$

由上式可以看出，背景噪声光子数与太阳、目标及测距机的相对位置有关。

图 3.8 为空对空水平测距，目标反射面法线与发射系统光轴的夹角 $\theta = 0°$，太阳射线和目标表面法线的夹角 $\varphi = 90°$。

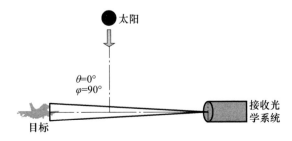

图 3.8　空对空水平测距

图 3.9 为利用 MODTRAN 4.0 仿真得到不同能见度下太阳光对地面的光谱辐照度 H_λ 和太阳光的大气散射光谱辐射亮度 L_λ,代入式(3.8)计算得到背景噪声光子数。选择参数:中纬度夏季,乡村消光系数,无云或无雨,水平路径,观察者高度为 5km,中心波长为 1.57μm。

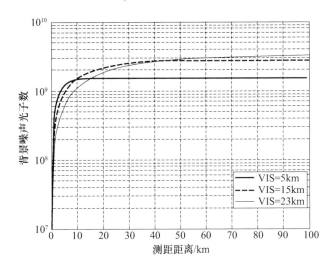

图 3.9　空对空测距时背景噪声光子数与测距距离的关系

从图 3.9 可以看出:近距离时背景噪声光子数随着测距距离的增大逐渐增大,然后趋于稳定,这主要是由于接收光学系统视场较小,近程测距时进入接收系统的目标对太阳光的反射光较少,随着距离的增加逐渐增加,最后趋于稳定;在相同测距距离时,能见度越大,背景噪声光子数也越大。

图 3.10 为空对地斜路经测距,目标反射面法线与发射系统光轴的夹角 $\theta = 60°$,太阳射线和目标表面法线的夹角 $\varphi = 0°$。

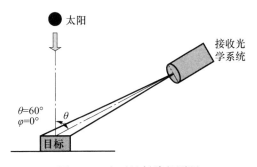

图 3.10　空对地斜路径测距

图 3.11 为利用 MODTRAN 4.0 仿真得到不同能见度下太阳光对地面的光谱辐照度 H_λ 和太阳光的大气散射光谱辐射亮度 L_λ,代入式(3.8)计算得到背景

噪声光子数。选择参数:中纬度夏季,乡村消光系数,观察者高度为 5km,斜路径,太阳天顶角为 45°,中心波长为 1.57μm。

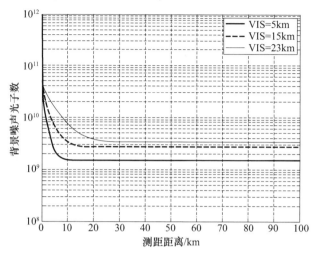

图 3.11 空对地测距时背景噪声光子数与测距距离的关系

从图 3.11 可以看出:随着测距距离的增大,背景噪声光子数逐渐减小,然后趋于稳定;在相同测距距离时,能见度越大,背景噪声光子数也越大。

3.4 背景辐射特性数值仿真

3.4.1 太阳光谱辐照度数值仿真

太阳光谱辐照度的计算与太阳天顶角、地面能见度等因素有关。在不同季节、不同天气条件下太阳的辐照度是不同的。图 3.12 是不同能见度、天顶角与太阳光谱辐照度的关系曲线。计算条件:飞行高度为 5km,中纬度夏季,斜路径入射到地,地表反射率为 20%,无云无雨,中心波长为 1.57μm。

从图 3.12 可以看出:能见度越高,太阳的光谱辐射照度越强,这是因为能见度越高,大气对阳光的衰减作用越小,太阳光谱辐射照度越强;太阳光谱辐射照度随天顶角的增大而逐渐减小,当天顶角角度较小时,其变化不大,当天顶角大于60°时,太阳的光谱辐射照度急剧下降。

3.4.2 太阳光谱辐亮度数值仿真

太阳光谱辐射亮度是反映太阳光大气散射强弱的物理量。图 3.13 为不同地面能见度下的光谱辐射亮度。计算条件:飞行高度为 5km,中纬度夏季,

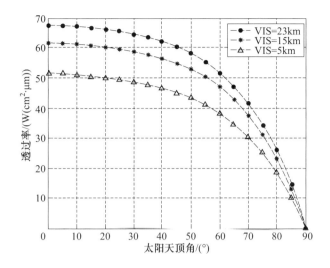

图 3.12　不同太阳天顶角、能见度与太阳光谱辐照度关系曲线

斜路径入射到地,有多次大气散射,地表反射率为 20%,无云或无雨,中心波长为 1.57μm。

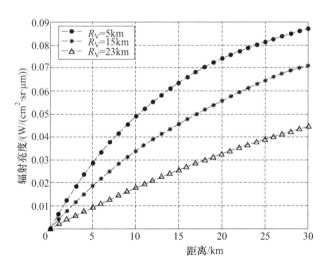

图 3.13　不同地面能见度的太阳光谱辐射亮度

从图 3.13 可以看出:能见度越低,太阳的光谱辐射亮度就越大,即大气对太阳光的散射作用越强,这是因为能见度越低,空气中的悬浮物含量就越高,对激光散射的作用就比较大;随着测距距离的增加,太阳的光谱亮度逐渐增强,这是因为长路径中空中悬浮物后向散射激光增强,有更多散射光进入系统,所以大气散射度越强。

■ 3.5　背景辐射抑制技术研究

　　激光测距机大多在白天工作,背景辐射的影响远大于探测器自身噪声,因此有效地抑制背景辐射是提高探测灵敏度的有效手段,从而保证激光测距机以较小的发射功率获得更大的作用距离。

　　背景噪声的大小对系统的探测性能有着重要影响。常用的抑制背景光噪声的方法有距离选通法、光学系统分光法、空间滤波场法、光谱滤波法、时间滤波法等,单独一种方法的使用有一定的局限性并且效果不太理想,因此在微脉冲测距中常几种方法组合使用。

　　距离选通法是微脉冲测距系统常用的一种抑制背景噪声的方法,主要用来抑制近距离大气散射回波的干扰以及对目标测距时距离范围外引入的背景辐射干扰。距离选通时,单光子探测器工作于盖革模式,能够响应入射的信号或噪声光子。距离未选通时,单光子探测器的工作电压低于雪崩偏压,对入射的单个光子不能响应,有效抑制了距离范围外的噪声干扰,减小虚警。

　　光学系统分光法是在接收光学系统中采用分光镜将回波分成强弱不同的几束,然后分别进入不同的通道,压缩回波信号的动态范围;同时,噪声也按比例分入不同的通道,每一个通道中的噪声得到压缩衰减。

　　空间滤波法是通过减小接收视场减少进入光学系统的背景光,从而抑制背景光噪声的干扰。因此,对于空对地激光系统,一般取接收视场略大于或等于激光发散角。对于空对空激光系统,一般取接收视场略小于或等于激光发散角。容差范围由收发光轴调校精度及光轴稳定精度而定。微脉冲测距系统通常采用微弧度量级的接收视场。

　　光谱滤波法是在接收光学系统中插入光谱与激光发射光谱相匹配的窄带滤光片,从而减少发射光谱之外可以有效地抑制背景辐射。

　　时间滤波法通过预知目标位置控制探测器打开时间,减少背景光子计数,能够用于机载测高,不适用于目标距离未知且范围很大的微脉冲激光测距。

3.5.1　距离选通

　　由于近距离测距时大气的散射回波及背景辐射干扰很强,为了抑制其干扰,通常使探测器在脉冲发射一段时间后再开始工作,这段时间为测距盲区。测距盲区应该尽量小,微脉冲测距初步选择测距盲区为500m。

　　图3.14为距离选通控制时序,在激光发射后3.3μs后,才将探测器的偏压置于雪崩偏压以上,可以有效抑制近距离(500m)内强散射回波和背景辐射造成的干扰,降低虚警率。

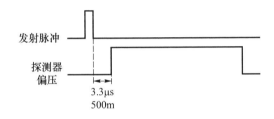

图 3.14   距离选通控制时序

3.5.2   光学系统分光

远程测距时目标的回波信号与近程大气分子的散射信号强度基本相当，并且在近距离时，目标回波光子数可达 10^9 个，容易损坏探测器。为了消除大气散射对目标回波信号的干扰并保护探测器，需要将探测的动态范围进行压缩。

为此，采用分光法，使用近远场双通道的方式压缩信号的动态范围，近远场通道的分光比为 1/998，通过这样的分光比，将近场通道在 500m 的大气散射信号抑制到单光子以下，同时，近场通道在探测 18km 的目标回波信号强度为单光子量级。而远场通道可以避开 10km 以内的大气散射信号，从 14km 开始获取回波，14km 处的大气回波小于单个光子。双通道测距的范围：近场通道测量 0.5 ~ 18km 的目标距离；远场通道测量 14 ~ 100km 的目标距离。

激光器出光的主波信号作为光子计数器的触发，3.3μs 后，近场通道的单光子探测器门控打开，获取近距离回波信号。在 93.3μs 时（距离 14km），远场通道的单光子探测器门控打开，获取远距离回波信号。120μs 时（距离 18km），将近场探测器的偏压降到雪崩电压以下，关闭近场通道。693μs 时（距离 105km），将远场探测器的偏压降到雪崩电压以下，关闭远场探测器，完成一个周期的探测。双通道控制时序如图 3.15 所示。

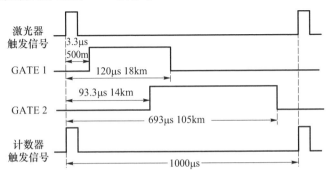

图 3.15   双通道控制时序

3.5.3 光谱滤波和空间滤波

最有效的光谱滤波方法是在探测器前加一个窄带滤光片,能够有效抑制发射激光波长之外的其他波段背景辐射。空间滤波最简单有效的方法是减小接收视场,能够有效减少进入接收系统的背景光。

背景噪声光子数与接收光学系统中插入的窄带滤光片宽度成正比,与接收视场的平方成正比,以及与接收光学系统接收口径的平方成正比。由于机载条件的限制,接收口径一般是固定的,因此采用减小滤光片带宽和接收视场来减少到达探测器的背景噪声光子数。

下面对光谱滤波和空间滤波的抑制效果进行仿真分析。计算条件:中纬度夏季,乡村消光系数,能见度为 23km,无云或无雨,飞行高度为 5km,太阳天顶角为 45°,斜路径入射到地,地面反射率为 20%,中心波长为 1.57μm。

图 3.16 给出了背景噪声光子数随接收视场和滤光片带宽变化的曲线。由图可见,减小接收视场和滤光片带宽都能够减少背景噪声光子数,随着接收视场的减小,背景噪声光子数下降得更快,相对于光谱滤波,空间的滤波的效果更好。在接收视场为 0.1mrad,滤光片带宽为 0.2nm 时,背景噪声光子数可以被抑制到 0.6 个/ms,能够满足远程测距时对单光子回波信号的有效探测。

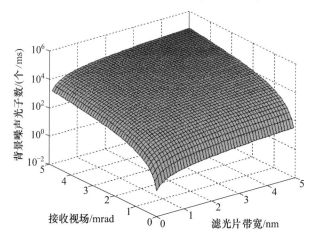

图 3.16 背景噪声光子数与接收视场和滤光片带宽的关系

接收视场的选择与测距条件和发射激光发散角有关。对于空对地测距激光系统,一般取接收视场略大于或等于激光发散角。对于空对空测距激光系统,一般取接收视场略小于或等于激光发散角。过小的激光发散角对红外搜索系统的方位角精度要求较高,同时对系统发射接收光学系统的同轴精度要求也很高。

　　窄带滤光片的中心波长会随着温度的变化发生漂移,偏离中心波长,降低中心波长的透过率,将滤光片放置在恒温槽中,保持窄带滤光片中心波长的稳定,能够避免因窄带滤光片中心波长温漂导致回波信号减弱。

3.6　本章小结

　　本章首先从理论上分析了 1.57μm 波长的激光在大气传输中的影响因素,然后利用 MODTRAN4.0 仿真计算不同情况下了激光的大气透过率,仿真结果表明,能见度越高,海拔越高,激光大气透过率越高;然后分析了不同测距路径时 1.57μm 波长的背景辐射特性,利用 MODTRAN4.0 仿真目标对太阳光的反射和太阳光的大气散射,计算了不同测距路径下的背景噪声光子数,在此基础上研究了对强背景辐射的抑制方法,通过采用距离选通、光学系统分光法、光谱滤波法和空间滤波法,能够有效抑制背景噪声,满足单光子探测的要求。

参考文献

[1] 李万彪. 大气物理——热力学与辐射基础[M]. 北京:北京大学出版社,2010.

[2] 戴永江. 激光雷达技术:上[M]. 北京:电子工业出版社,2010.

[3] 李明柱. 目标对复杂背景光谱辐射的反射和散射特性研究[D]. 西安,西安电子科技大学,1999.

[4] 孟雪琴. 地球大气背景光谱辐射特性的理论建模[D]. 成都,电子科技大学,2009.

[5] 羊毅. 非相干探测激光系统中背景噪声抑制技术研究[C]. 中国航空学会. 中国航空学会信号与信息处理分会全国第二届联合学术交流会议论文集,2003.

[6] 郭赛. 基于光子计数的机载远程激光测距技术研究[D]. 北京:中国航空研究院,2012.

[7] Bollinger L M. Measurement of the time dependence of scintillation intensity by a delayed coincidence method[J]. Review of Scientific Instruments,1961,32(9):1044 – 1050.

[8] Degnan J J. SLR2000 in satellite laser ranging in the 1990's:report of the 1994 belmont workshop [C]. NASA Conference Publication,1994.

[9] Degnan J J. SLR2000:an autonomous and eye – safe satellite laser ranging station [C]. Proc. Ninth International Workshop on Laser Ranging Instrumentation,1994.

[10] Degnan J J. Engineering progress on the fully automated,photon – counting SLR2000 satellite laser ranging station[J]. SPIE,1999,3865:76 – 82.

[11] Degnan J J,McGarry J,Zagwodzki T,et al. SLR2000:an inexpensive,fully automated,eye – safe satellite laser ranging system[C]. Proc. Tenth International Workshop on Laser Ranging Instrumentation,Shanghai,PRC,November,1996.

[12] McGarry J F,Degnan J J,Titterton P,et al. Automated tracking for advanced satellite laser ranging systems[J]. SPIE,1999,2793:89 – 103.

[13] Space Research Institute Graz Austrian Academy of Sciences. Satellite laser ranging[R]. IWF

Annual Report 2001. 2001,16 – 20.

[14] 刘波,陈念江,张忠萍,等. 微脉冲激光人造卫星测距技术[J]. 红外与激光工程,2008,37(S3):234 – 237.

[15] 杨芳,张鑫,贺岩,等. 基于高速伪随机码调制和光子计数激光测距技术[J]. 中国激光,2013,40(2):0208001.

[16] Degnan J J. Photon – counting multikilohertz microlaser altimeter for airborne and spaceborne topographic measurements[J]. Journal of Geodynamics,2002,34(3,4):503 – 549.

[17] 田玉珍,赵帅,郭劲. 非合作目标光子计数激光测距技术研究[J]. 光学学报,2011,31(5):0514002.

[18] Powell W,Hicks E,Pinchinat M. Reconfigurable computing as an enabling technology for single-photon-counting laser altimetry[C]. 2004 IEEE Aerospace Conference Proceedings,2004.

多
脉
冲
激
光
雷
达

第 **4** 章

光电探测器的应用

■ 4.1　光电探测器构造及原理

根据光的粒子性,光由大量的光子组成,光子的能量由光的频率决定。近红外波段的单个光子的能量非常低,如波长为 $1.57\mu m$ 的单色光,单个光子的能量约为 $1.01\times10^{-19}J$。要探测到能量如此低的单个光子信号,需要采用特殊的光电检测器件——单光子探测器(SPD)。以光电倍增管和雪崩光电二极管为代表的单光子探测器为弱光检测提供了最高的灵敏度,自诞生起就一直支撑着最前沿的科学研究和工程应用。在物理、化学、生物、环境监测等众多领域获得了极其广泛的应用。随着科学技术和工艺水平的发展,单光子探测器的性能指标也在不断地提高,以满足各种不同的应用需求。

4.1.1　光电倍增管

光电倍增管(PMT)是最悠久也是最成熟的单光子检测器件,它是一种基于外光电效应和二次电子发射效应的电真空器件,由光电阴极、电子倍增极和光电阳极等构成,其典型结构如图 4.1 所示。

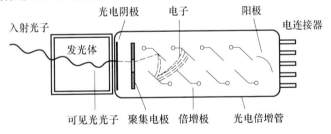

图 4.1　光电倍增管典型结构

光电倍增管工作原理:首先光电阴极吸收光子并产生外光电效应,发射光电子,光电子在外电场的作用下加速,打到倍增极并产生二次电子,二次电子又在电场的作用下加速打到下一级倍增极产生更多的二次电子,随着倍增级的增加,二次电子的数目也得到倍增,最后由光电阳极接收并产生电流或者电压输出信号。

PMT 是优良的单光子探测器件,工作于光子计数模式时,最大计数率可达 30MHz,而暗计数率可以做到非常低(10Hz)。由于采用了二次发射倍增系统,所以光电倍增管具有极高的灵敏度和较低的噪声。此外,光电倍增管还具有探测面积大(直径可达 20 英寸,1 英寸 = 2.54cm)、响应速度快(输出信号上升时间小于 1ns)、高增益(大于 10^6)以及光谱覆盖范围宽(紫外—近红外)等优点。但是它对波长超过 $1\mu m$ 的光的探测效率很低(小于 1%),这使得它在红外测量领域几乎没有实用价值。同时,光电倍增管工作需要很高的直流电压(600 ~ 1200V),体积比较大,对真空管的依赖也导致其使用寿命有限。

4.1.2 雪崩光电二极管

雪崩光电二极管(APD)是一种特殊的 PN 结光电二极管,它在 PIN 型光电二极管的基础上增加了重掺杂的倍增层,当在 APD 两端加上反向偏置电压,能够对吸收入射光子而产生的初级载流子进行倍增达到较高的增益。

APD 是一种利用内光电效应探测光信号的器件,从材料上看,主要应用的有硅雪崩光电二极管(Si-APD)、锗雪崩光电二极管(Ge-APD)和铟镓砷雪崩光电二极管(InGaAs-APD)。目前,比较成熟的 Si-APD 作为单光子探测的核心器件,在 400 ~ 900nm 波段具有很好的性能,成品的暗计数小于 25 光子数,同时量子效率可达 70%。但是由于硅材料的禁带宽度比较大,它对波长超过 $1\mu m$ 的光响应效率很低,Si-APD 的光谱响应上限为 1100nm。

为了实现对近红外波长单光子响应,需要使用禁带宽度较低的半导体材料制作雪崩光电二极管,目前多采用 InGaAs/InP 材料,其光谱响应范围为 900 ~ 1700nm。为了提升器件的性能,InGaAs/InP APD 多采用吸收渐变电荷倍增分离结构。InGaAs/InP APD 典型结构如图 4.2 所示。

对于 InGaAs/InP SPAD,InGaAs 作为吸收层,InP 作为倍增层,由于 InP 带隙宽(InP 为 1.35eV,InGaAs 为 0.75eV),可以使波长长的光透射进入 InGaAs 吸收层,产生电子 – 空穴对,倍增区由于具有高电场不会出现隧道击穿。

由于 InP 和 InGaAs 之间的带隙差别较大,在 InGaAs 吸收层中产生的空穴,在向倍增层运动的过程中会受到 InGaAs/InP 异质结的阻碍,从而影响 APD 的响应时间。为了加快响应时间,通过在吸收层和倍增层之间引入 InGaAsP 作为渐变层,缓解 InGaAs 和 InP 之间的价带突变,减少少数载流子在异质结面的堆积。

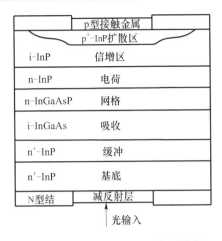

p型接触金属		
p⁺-InP扩散区		
i-InP	信增区	
n-InP	电荷	
n-InGaAsP	网格	
i-InGaAs	吸收	
n⁺-InP	缓冲	
n⁺-InP	基底	
N型结	减反射层	

图 4.2　InGaAs/InP SPAD 典型结构

▍4.2　APD 器件工作模式

　　APD 器件体积小、检测速度高、检测灵敏度高,这些优点使其非常适用于微弱近红外光信号的探测处理系统。它的高灵敏特性号使得探测系统在后级信号处理电路一定的情况下能够更容易识别微弱光信号,特别是对于一些需要在微弱光信号探测器件后级联放大电路的探测系统,这一特性可以极大地降低后级放大电路的设计指标要求,降低设计难度,提高设计成功率。

　　APD 是一种利用载流子的雪崩倍增效应来放大射入的微弱光信号以提高检测灵敏度的光检测二极管,其基本结构一般采用容易产生雪崩倍增效应的 PN 结型二极管结构。当反向偏置电压大到一定程度时,APD 达到雪崩倍增状态。在这一状态下,当有少量光子照射到其表面时,APD 内部半导体层即会产生少量电子 – 空穴对,该电子 – 空穴对在 APD 两端反向偏压电场的加速作用下,碰撞其他原子,产生更多电子 – 空穴对,最终发生雪崩效应,产生雪崩电流,即 APD 输出的微弱光信号检测电流。

　　根据外部偏置电压大小的不同,APD 可以分为线性模式和盖革模式两种工作模式,APD 工作在不同模式下,其内部增益不同,即同等强度光信号照射下输出的电流大小不同。工作在反向偏压下的 APD 光生电流增益随着场强的增加而增加,当场强增加到雪崩场强,即 APD 阴极和阳极间的反向偏置电压增加到雪崩电压时,APD 工作在盖革模式。这一模式下单个光子就可以引发 APD 雪崩,产生雪崩电流,此时 APD 的光生电流增益可达 $10^5 \sim 10^6$。当外部反向偏置电压低于雪崩电压时,APD 工作在线性模式,此时器件的输出电流与入射光强成正比。APD 工作在线性模式时,入射光子到光生电流这一转换过程的增益可

达 $10 \sim 10^3$,相对于盖革模式的单光子检测功能,盖革模式虽然灵敏度高,但需要动态偏置,控制复杂;线性模式采用固定偏置,控制简单,但需要采用附加增益,弥补 APD 增益的不足,提高检测灵敏度。

目前,相比于线性模式,APD 工作在盖革模式,其光电转换过程的增益较高,灵敏度高且产生的光生电流信号幅度大,信号持续时间长,后级电路检测难度低,广泛出现在一系列研究和应用中。但 APD 工作在盖革模式时,特有的后脉冲效应使其难以应用在需要快速连续检测的离速领域中,这使得研究者开始重视 APD 工作在线性模式的特性及其相关应用的研究工作。APD 工作在线性模式不仅没有盖革模式的后脉冲效应,检测恢复时间仅为纳秒级,而且相比于盖革模式其反偏电压低,偏置电路简单,功耗低、无需主动淬火电路,电路功能可靠稳定,在高频检测领域具有广阔的应用前景。

APD 工作在线性模式的噪声性能较差,输出的光生脉冲电流信号幅值低、脉宽短,对后级检测接口电路性能要求很高。APD 工作在线性模式的电流检测接口电路设计的难点不仅在于需要一个低噪声、高带宽、高增益的前置放大器,前置放大器后的后级处理电路设计同样非常重要。总之,作为一个整体,协调前置放大器和后级处理电路的设计,使整体电路达到相关性能要求,是重中之重。

4.2.1 APD 线性模式

接口电路参数结构的设定必须依据线性模式 APD 的具体器件模型进行,设计采用的线性模式 APD 等效电路模型如图 4.3 所示,该模型是线性模式 APD 的实际物理等效模型,可用于接口电路的静态、瞬态及小信号特性的仿真和分析。

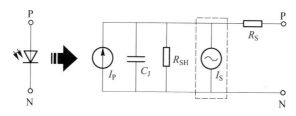

图 4.3　线性模式 APD 等效电路模型

模型中 C_J 为 APD 输入寄生电容,采用的 APD 输入寄生电容为 0.4pF;并联电阻 $R_{SH} = 200\text{M}\Omega$,串联输入电阻 $R_s = 450\Omega$, I_s 为 APD 引入的等效噪声电流源, I_P 为 APD 感应电流,无光情况下有约 0.5nA 的漏电流,有光情况下通常用方波来代替,其幅值在微安级,脉宽在纳秒级,波形如图 4.4 所示。

根据 APD 研制方提供的性能数据,与本节所设计的电流检测接口电路相匹配的线性模式下 APD 性能参数如表 4.1 所列。

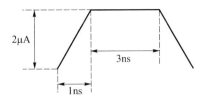

图 4.4　有光条件下输入电流脉冲信号

表 4.1　线性 APD 性能参数

参数	参数描述
I_P	无光条件下有 0.5nA 左右的漏电流;监测到微弱光时用幅值 $1 \sim 3\mu A$,上升下降沿均为 1ns,高电平持续时间 3ns 的方波来代替
I_S	在 2uA 光电流下约 $5.31pA/Hz^{1/2}$;无光电流时数值可忽略
C_J	0.4pF
R_{SH}	200MΩ
R_S	450Ω

　　本节设计的接口电路用来检测微安级的微弱光电流信号,并输出有效信号给后级处理电路,且接口电路必须针对提供的 APD 器件模型参数进行匹配设计,达到设计指标并能够实际应用。根据系统整体应用要求,设计的电流检测接口电路需要具备如下功能:在微弱光信号入射到 APD 上使其产生光生电流信号时,能准确地检测该电流信号,并输出对应的数字逻辑电平信号,提供给后续电路进一步处理。

　　根据以上要求,本节设计的线性模式 APD 的电流检测接口电路系统架构如图 4.5 所示,该系统架构主要由前置放大器(TIA)、电压放大器(VA)和电压比较器三个单元模块组成。

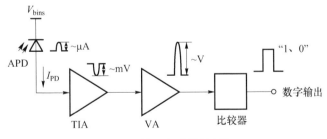

图 4.5　接口电路设计框架

　　当接收到微弱光信号时,APD 发生雪崩产生脉冲电流信号,输入到 TIA 输入端,经 TIA 放大后变为电压变化量 ΔV_{pulse}。该电压信号传输到下一级进一步通过低噪声电压放大器进行放大,得到最终的电压变化量 ΔV_{out},当最终的电压变化幅度超过电压比较器的临界翻转阈值点后,比较器即刻输出相应的感应检测数字逻辑信号。信号放大电路是线性接口电路的核心部分,与使用单级 TIA 完成信号放大的结构相比,TIA 与低噪声电压放大器的组合结构更容易同时实现接口电路高增益和高带宽的需求。接口电路输出信号为标准数字逻辑电平信号,且信号由"0"变为"1"的时刻,近似对应线性模式 APD 感应到微弱光信号的时刻,此时接口电路完成对 APD 雪崩电流的检测。

线性接口电路中,前置放大器的作用是将雪崩光电二极管输出的微弱电流脉冲信号转换成电压脉冲信号,以供后续电路进行放大、检测。作为线性接口电路中的关键部分,前置放大器的性能在很大程度上决定了其整体性能,进而很大程度上决定了整个微弱光信号探测系统的性能。而作为系统的关键模块,前置放大器的设计需要考虑三个问题:①检测较小脉宽的电流,要求前置放大器具有较宽的带宽;②检测较小幅值的电流,要求前置放大器具有较高的增益;③低噪声,设计出的前置放大器增益、带宽较高,需要它噪声很小,防止误翻转。

前置放大器一般分为低阻放大器、高阻放大器和跨阻放大器三种类型,如图 4.6 所示。

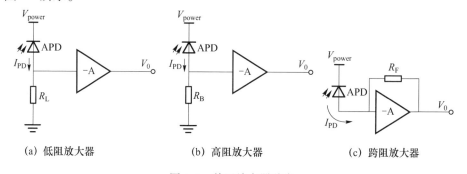

(a) 低阻放大器　　　　　(b) 高阻放大器　　　　　(c) 跨阻放大器

图 4.6　前置放大器种类

图 4.6(a)为低阻放大器结构。电阻 R_L 将 APD 发出的脉冲电流信号 I_{PD} 转换为电压脉冲信号,随后经后级放大器放大输出。整体电路的小信号电流增益是电阻 R_L 值和后级放大器增益 A 的乘积。接口电路的带宽由电路第一个节点处的等效输入电阻和输入电容决定。在第一级电压放大器噪声较低的情况下,电路噪声主要由电阻 R 的热噪声决定。使用低阻放大器作为前置放大器的电流检测接口电路结构简单,但数值很小的前置检测电阻带来较大的输入噪声电流限制了电路的检测灵敏度。

图 4.6(b)为高阻放大器结构。与低阻放大器相比,高阻放大器输入阻抗高,R_B 值一般在兆欧级,引入接口电路的热噪声电流很小,电路的电流检测灵敏度很高。但输入节点的高阻抗使得电路的带宽较窄,电路响应时间很长,对高频短脉冲电流信号放大能力弱,且电路面积过大,一般只用在要求较低的低速电路系

统中,难以用来检测线性模式 APD 检测微弱光信号时发出的短脉冲电流信号。

图 4.6(c)为跨阻放大器结构。电路采用电压并联负反馈结构,反馈回路为电阻 R_F,相比于低阻放大器和高阻放大器,跨阻放大器具有的优点是:放大器的输入电阻小,因而电路的时间常数 RC 小,带宽大,减小了波形失真;动态范围大;输出电阻小,放大器受噪声影响小,不易发生串扰和电磁干扰;灵敏度在宽带宽应用时,仅比高阻放大器低 2~3dBΩ。因此,综合考虑电路设计的电流检测灵敏度、检测带宽、增益等方面的要求,跨阻放大器更适合作为电流检测接口电路的前置放大级。

由于前置单级跨阻放大器难以实现很高的增益值,或单一实现很高增益值会对电路面积、带宽、功耗等带来较大负面影响,使其难以应用在系统中;而在增益适当的情况下其一般在微安级电流输入的情况下输出电压仅为毫伏级,因此还需做进一步的电压放大以供后级比较器比较检测。电压放大器的增益、带宽、直流特性、瞬态特性等应与跨阻放大器和比较器前后匹配,实现电流检测接口电路的整体功能。合适的增益、带宽、直流瞬态特性,可由单级高增益放大器完成,也可由多级低增益放大器级联完成。而实现相同的电压增益,多级低增益级联形式的放大器电路带宽应优于单级高增益电路。因此,接口电路中设计的电压放大电路采用低增益放大器级联的形式。

如图 4.7 所示,常见的 CMOS 单级电压放大器主要有单端共源极输入和固定尾电流的双端差分输入两种形式。与单端输入放大器相比,固定尾电流的双端差分输入放大电路在保持一定带宽、增益的同时具有高共模抑制比特性,可有效抑制输入端共模电压的扰动对电路交直流性能的影响。该电路结构缺点是尾电流管需要偏置电路,增大了电路面积,且在多像素阵列下不同像素中偏置的偏差易使得整体像素阵列电路不一致。另外,获得与共源极放大器相同的增益带宽积,双端差分输入放大器需要消耗的偏置电流是单端放大器的 2 倍。基于此,电流检测接口电路中后级电压放大器的设计需要综合考虑应用环境,即接口电路整体的工作环境和电压放大器在接口电路中的前后工作环境,以做出合适选择。

具体而言,合适的电压放大器级设计需要考虑:符合性能要求的增益、带宽;功耗、面积不能过大;静态、瞬态时工作点均能实现前后匹配,实现整体功能性能;不同工艺角、温度及一定电压降下,以上要求均能达成。

在大阵列应用下,线性接口电路除满足基本的检测性能要求,具体设计时还需要注意以下三点:

(1)像素间离散性问题。包括 APD 参数的离散性和检测电路的离散性。实际工作时,每个像素对应一个 APD 传感器,若单像素面积过大,则 APD 间距过大,APD 性能容易出现较为严重的不一致现象,即 APD 性能参数出现离散;不

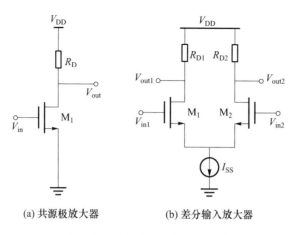

(a) 共源极放大器　　　　(b) 差分输入放大器

图 4.7　基本 CMOS 单级放大器

同的检测电路间由于随机误差、制造误差导致检测性能各异,即为检测电路的离散性,这一特性在大面积、大阵列电路中更常见。电路设计上,前者要求较小的单像素面积,接口电路需要尽量减小面积;而后者则要求电路参数设计时尽量增加相关器件面积,以减小失调。

（2）电源供电问题。大阵列下系统电路直流功耗、瞬态功耗非常高,在寄生特性下电源电压容易出现直流压降、瞬态压降问题,这一方面要求电路严格限制功耗（包括静态功耗和瞬态功耗）,另一方面要求接口电路设计时应对相关参数留有冗余。

（3）模块间干扰问题。红外读出电路系统作为数模混合电路,内部存在高频信号以及数字电路数字信号,极易对本设计的高灵敏微弱信号检测电路产生干扰,影响其性能甚至功能,电路版图布局规划时需要谨慎对待这一问题。

4.2.2　APD 盖革模式

4.2.2.1　APD 盖革模式工作原理

APD 工作在盖革模式下（APD 两端所加的偏置电压高于其雪崩电压）,探测器能够发生载流子的雪崩效应,从而产生纳安甚至微安量级的雪崩电流,盖革模式下的 APD 称为单光子雪崩二极管（SPAD）。APD 盖革模式工作原理如图 4.8 所示。

如图 4.8（a）所示,在 APD 两端加上反向偏置电压,就会在结区附近产生很强的电场,在这个电场作用下,电子向 N 层扩散,空穴向 P 区做定向运动。当具有一定能量的入射光子在电场区被吸收,就会产生一个电子 – 空穴对。两种带

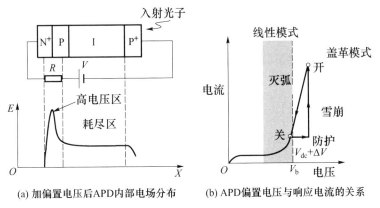

(a) 加偏置电压后APD内部电场分布　　(b) APD偏置电压与响应电流的关系

图 4.8　APD 盖革模式工作原理

电载流子在高电场作用下加速向两端扩散,被加速获得能量的载流子与碰撞晶格产生二次电子 – 空穴对在高电场作用下,这些电子再次被加速,碰撞产生更多的电子 – 空穴对,使得初始的光生载流子得到倍增。

由图 4.8(b) 可以看出:当 APD 两端的反向偏置电压小于雪崩电压 V_b 时,探测器工作在线性模式,响应电流随偏置电压的增加倍增效果有限,增益只有几百;当 APD 两端的反向偏置电压大于雪崩电压 V_b 时,探测器工作在盖革模式,响应电流随偏置电压的增加急剧增大,得到雪崩倍增,增益可达 $10^5 \sim 10^9$。

4.2.2.2　倍增过程

一个光子被吸收后,电子 – 空穴对的产生速率和电子 – 空穴在电场中复合的速率会有所不同。当 APD 工作在盖革模式时,探测器两端的反向偏置电压高于雪崩击穿电压,电子 – 空穴对的产生速率远远大于电子 – 空穴在电场中复合的速率,即产生雪崩倍增电流,并能通过外围电路将响应光电流导出。单光子雪崩二极管倍增过程如图 4.9 所示。

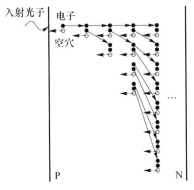

图 4.9　单光子雪崩二极管倍增过程

图4.9中,实心点代表电子,空心点代表空穴,它们成对出现。从图中可以看出,光子入射产生一对电子－空穴对,两种粒子电性相反,在电场作用下朝相反的方向运动。运动过程中与晶格碰撞,产生新的电子－空穴对,并获得加速,影响电场场强分布,使载流子运动速度增大,获得更大的加速,这样的过程不断重复,粒子数呈指数增长,SPAD两端聚集了越来越多的光电子和光空穴,在外围电路上表现为越来越大的光电流。

4.2.2.3 工作过程

SPAD发生雪崩后会一直持续下去,如果不及时将该雪崩电流脉冲熄灭,不仅影响对后续光子的响应,甚至会损伤乃至毁坏探测器,因而需要将反向偏置电压降低到雪崩电压以下,待雪崩脉冲消失后再恢复到雪崩电压以上。SPAD实际工作中就是在不断进行该循环过程,从而完成对光子信号的探测。图4.10是单光子雪崩二极管探测光子过程中的电流－电压特性。

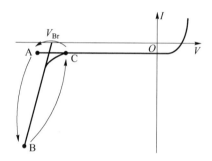

图4.10　单光子雪崩二极管探测光子过程中的电流－电压特性

从图4.10可以看出,SPAD开始被偏置电压偏置到A点,由于A点偏压高于雪崩电压,如果光子信号没有到来,由于热激发、隧道效应和被势阱捕获的电子也会触发雪崩信号,这种雪崩信号称为暗计数,这种暗计数可以通过合理设置工作温度和适当的电路参数和工作模式降到最小;如果光子信号到来,就会以一定的概率触发雪崩信号,这个与光子信号相对应的雪崩信号称为光生雪崩信号。无论哪种方式触发的雪崩信号都会使雪崩二极管处于B点的位置,如果SPAD一直处于该状态,雪崩二极管也就失去了对后续光子影响的能力,因此,一旦产生雪崩信号,就应该用适当的电路方式降低SPAD的反向偏置电压,熄灭雪崩信号,使其回到C点。待雪崩信号熄灭后,再将降低SPAD的反向偏置电压恢复到雪崩偏压以上,即恢复到A点,准备对下一个光子信号的探测。实际工作中,SPAD就是在不断进行该循环过程,从而完成对光子信号的探测。

4.3　APD 性能参数

我们研究的波长为 1.57 μm,在 1.1 μm 波段以上还能够实现单光子探测的探测器很少,实际上仅限于 Ge SPAD 和 InGaAs SPAD。但是 Ge SPAD 的工作温度一般在几十开,实现难度较大,因此选择 InGaAs SPAD。现阶段国外的 Hamamatsu、Princeton Lightwave 等公司的商售探测器都能够实现对 1.57 μm 波长的单光子探测。我们选择 Hamamatsu 公司的 G8931 - 20 InGaAs SPAD(图 4.11)。G8931 - 20 InGaAs SPAD 有 0.2 mm 直径的大的光敏面和 0.9 GHz 的高响应频率,同时具有较低的工作电压和极间电容,能够用于微光探测、测距和 OTDR。

图 4.11　G8931 - 20 InGaAs SPAD

下面对探测器主要性能指标进行分析。

(1)响应光谱范围。保持入射光功率恒定,改变光波波长,光电检测器输出的光电流降低到半峰值时所对应的两个入射激光波长分别称为光电探测器的短波限和长波限。短波限和长波限之间的范围即为光电探测器的响应光谱范围 $\Delta\lambda$。

图 4.12 为温度 25℃、增益 1 时 G8931 - 20 InGaAs SPAD 响应光谱范围。从图可以看出,G8931 - 20 InGaAs SPAD 能够响应 0.7 ~ 1.7 μm 波段的激光,能够满足对 1.57 μm 波长的激光实现单光子探测。

(2)量子探测效率。量子探测效率(PDE)是指一个独立的光子能够激发一个可供计数器计数的脉冲电流的概率。

在过偏压、温度、波长和材料等因素一定时,量子探测效率主要由光子被吸收到吸收层的概率、光子被收集到倍增层的概率和光子产生的电荷穿越倍增层触发雪崩信号的概率三个方面因素决定(图 4.13),即

$$\eta_{PDE} = \eta_{absorb} \times \eta_{collection} \times \eta_{avalanche} \tag{4.1}$$

在实际中,过偏压越高,触发雪崩的概率越高,探测效率越高。不同材料,不

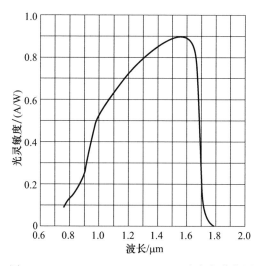

图 4.12 G8931 - 20 InGaAs SPAD 响应光谱范围

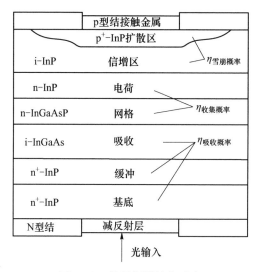

图 4.13 量子探测效率示意

同波长,雪崩二极管的探测效率不同。影响单光子探测器量子探测效率的因素有过偏置电压、温度等因素。

(3) 响应度和响应速度。量子探测概率是从微观方面对器件的光电特性进行描述,而响应度是从宏观方面进行描述。在实际测试过程中可以通过测试量计算出响应度。响应度定义为光电流 I_p 和光功率 P_{in} 的关系曲线的斜率。在测试条件一定的情况下,响应度是一定的,定义式为

$$R = \frac{I_p}{P_{in}} = \frac{\eta q}{h\nu} = \frac{\eta \lambda}{1.24} \tag{4.2}$$

从图 4.12 中可以看出,G8931 - 20 InGaAs SPAD 的响应度从 0.7μm 开始,随着入射波长的增加逐渐变大,在 1.6μm 附近达到峰值,为 0.9A/W,然后逐渐降低,到 1.8μm 基本为 0,即对 1.8μm 以上波长不响应。

响应速度表征的是入射光在高频调制下照射到光电二极管引起的快速响应,受限于载流子扩散引起的客观时间延迟、载流子渡越耗尽层的漂移时间和极间电容的大小三个方面。

载流子扩散的时间延迟和载流子渡越耗尽层的时间与耗尽层的宽度有关,在单光子探测器生产时已经确定,极间电容受偏置电压的影响。降低极间电容能够减小探测器的时间常数 RC,从而提高响应速度。图 4.14 为极间电容与偏置电压的关系。

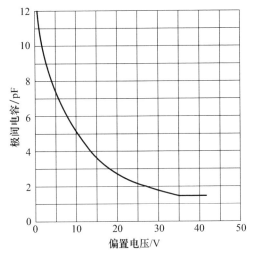

图 4.14　极间电容与偏置电压的关系(温度为 25℃)

从图 4.14 可以看出,极间电容随着偏置电压的增大而减小,因此增大偏置电压能够提高探测器的响应速度。随着偏置电压的增大,其减小速率变小,偏置电压到达雪崩电压时,极间电容达到最小并基本保持稳定。

(4) 暗计数。在理想条件下,当没有光入射时,APD 所产生的光电流输出为零,但由于热电子发射等原因也会产生自由载流子电子和空穴,它们在电场的作用下也会产生电流,这种无光照时在电路上流动的电流称为暗电流。图 4.15 为光电流和暗电流与反向偏压的关系。

从图 4.15 可以看出,当探测器工作在线性模式时,在相同的偏置电压下光电流的幅值大约是暗电流的 100 倍,很容易就能够将光电流和暗电流区分开;当探测器工作在盖革模式时,光电流和暗电流急剧增加,幅值基本一致,无法区分响应信号是由入射光子还是由探测器内部电荷运动引起。

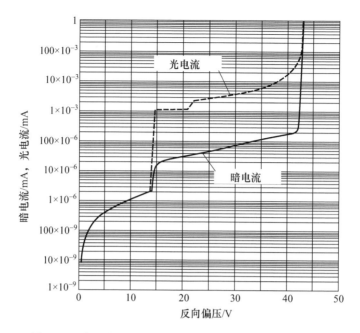

图 4.15　光电流和暗电流与反向偏压的关系(温度为 25℃)

　　在单光子雪崩二极管中,雪崩信号不仅来源于光子被吸收层吸收后产生的雪崩信号,还有由于热运动、隧道效应和势阱捕获效应产生的随机电荷穿过结时所产生的雪崩信号,这些自触发效应称为暗计数。

　　减小暗计数最有效的方法是对器件制冷,这能有效地减小由于热效应产生的暗计数。将器件的温度制冷到过低时,会降低器件的性能,低温下被势阱捕获的电荷存在时间较长,就会增加后脉冲概率,同时较低的温度也会使探测器的量子效率降低。

　　(5) 后脉冲概率。影响单光子雪崩二极管的暗计数的又一主要原因是后脉冲概率。这是由于在雪崩器件内部半导体结材料上存在缺陷,从而形成势阱,当雪崩电流经过时,势阱会捕获一部分载流子,在雪崩之后势阱会释放出电荷并触发新的雪崩信号,称为后脉冲。

　　这些被势阱捕获的电荷在势阱存在的寿命典型值为几微秒,即在信号光子响应几微秒后,会有一个后脉冲引起的误计数。因此,为了抑制后脉冲效应,在探测到信号之后需要将探测器关闭一段时间。这虽然可以降低后脉冲计数,但是探测器的工作频率很低,而微脉冲测距时,探测器的计数频率在几十兆赫,后脉冲效应对其影响很大。

　　后脉冲概率(PP)还受温度的影响,探测器温度越低,被捕获的电荷寿命越长,产生后脉冲概率越高。因此,为了减小后脉冲概率,需要合理选择制冷温度。

4.3.1 温度对探测器的影响

4.3.1.1 温度对雪崩电压的影响

雪崩电压(AV)定义为倍增因子趋于无穷大时的电压,或者雪崩之后没有信号仍然保持雪崩的电压。雪崩电压受温度的影响较大,图 4.16 为 G8931-20 InGaAs SPAD 的雪崩电与温度的关系。

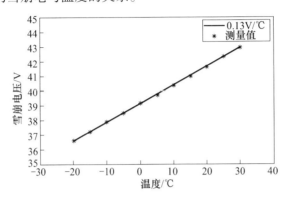

图 4.16 雪崩电压与温度的关系

图 4.16 中,"∗"表示的是对应温度下雪崩电压的测量值,实线为根据测量数据使用最小二乘法拟合出的直线,从图中可以看出,雪崩电压与温度基本保持线性关系,雪崩电压随温度的变化为 0.13V/℃。

用于单光子探测的 SPAD 需要工作在雪崩击穿电压以上几伏,由此引入参数过偏压,定义为

$$V_e = V_r - V_b \tag{4.3}$$

式中:V_r 为加在探测器上的方向偏压;V_b 为探测器的雪崩电压。

过偏压是一个重要的参数,探测灵敏度、倍增因子、响应速度和时间分辨率都随过偏压的增加而增加,因此保持过偏压的稳定十分重要。采用恒温制冷的方式,将探测器置于恒温腔中,保持雪崩电压的恒定,只需保证偏置电压稳定即可满足过偏压稳定的要求。

4.3.1.2 温度对量子探测效率的影响

量子探测效率主要由光子被吸收到吸收层的概率、光子被收集到倍增层的概率和光子产生的电荷穿越倍增层触发雪崩信号的概率三个方面因素决定。温度升高能提高光子被收集到倍增层和穿越倍增层触发雪崩的概率,即升高温度能够提高量子探测效率。图 4.17 为量子探测效率和温度的关系。

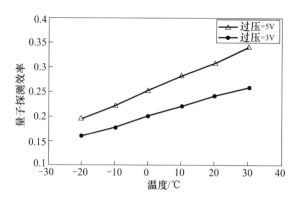

图 4.17 量子探测效率和温度的关系

从图 4.17 可以看出,量子探测效率随温度的升高而升高,并且基本呈线性关系;相同温度下,过偏压越高,量子探测效率越大。若保持较高的量子探测效率,探测器的工作温度就不能过低。

4.3.1.3 温度对暗计数的影响

暗计数是由非光子产生的背景噪声电荷触发的雪崩信号造成的。其中内部电荷热运动、隧道效应和势阱捕获效应是产生暗计数的三个原因。温度升高,内部电荷浓度增加,热运动加剧,会导致电荷热运动引发的暗计数增加。温度降低,被势阱捕获的电荷寿命越长,产生后脉冲的概率越高,导致由后脉冲引发的暗计数增加。图 4.18 为暗计数与温度的关系。

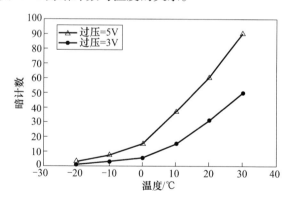

图 4.18 暗计数与温度的关系

从图 4.18 可以看出,暗计数随着温度的升高大致呈指数升高,这是由于温度升高探测器内部电荷浓度呈指数增加,电荷热运动加剧,导致暗计数指数升高。温度相同时,偏置电压越高,暗计数越大。低温条件下,暗计数明显降低,制冷可以有效地降低暗计数,单光子雪崩二极管一般工作在低温环境下。

从图 4.17 可以得出,量子探测效率随温度升高大致呈线性增加,与暗计数的变化正好相反,且暗计数变化更大。温度升高后,暗计数保持不变时,量子探测效率就会大大降低;量子探测效率保持不变对,暗计数会大大增加。

在实际应用中,选择合适的运行条件,就必须仔细选择运行温度。如果主要强调较低的暗计数,就必须选择较低的运行温度。如果保证较高的量子探测效率,就不能选择过低的运行温度。

4.3.2　过偏置电压对探测器的影响

4.3.2.1　过偏置电压对量子探测效率的影响

在探测一个光子的过程中,不仅器件的有效探测体积的吸收系数和产生电子 – 空穴对的效率影响量子探测效率,成功触发雪崩信号的电荷数也是至关重要的。雪崩触发概率随过偏置电压的升高而增加,这主要是由于过偏置电压的升高会使电场强度增加。

图 4.19 为量子探测效率与过偏置电压的关系。从图 4.19 可以看出,量子探测效率随过偏置电压的升高而增大,当过偏置电压达到一定程度时,量子探测效率趋于稳定。雪崩触发概率随偏置电压增大而增加,但是过偏置电压高到一定程度就达到饱和,这主要由 SPAD 本身的设计所限制。

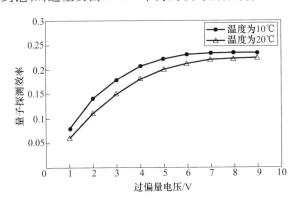

图 4.19　量子探测效率与过偏置电压的关系

实际上,在研究量子探测效率与过偏置电压的关系时,不能单纯考虑过偏置电压的值,也应该考虑雪崩电压。例如,5V 的过偏置电压对于雪崩电压为 40V 的 SPAD 来说已相当高,而对雪崩电压为 300V 的来说就较低。

结合图 4.16 中雪崩电压分析,在 $V_e = 0.2V_b$ 时,量子探测效率基本达到稳定,继续增大过偏置电压对量子探测效率的影响不是很大。

4.3.2.2　过偏置电压对暗计数的影响

偏置电压为 SPAD 的结区提供了非常高的电场,过偏置电压升高时,一方面由于电场强度的增加会使内部电荷的产生率随之增加,由内部电荷触发的计数也随之增加;另一方面电场强度的增加会加速隧道效应并产生能带到能带之间的直接渡越,隧道电流触发的雪崩计数也大大增加。这两种情况下产生的雪崩计数均为暗计数。图 4.20 为暗计数与过偏置电压的关系。

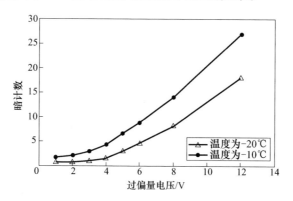

图 4.20　暗计数与过偏置电压的关系

从图 4.20 可以看出,暗计数随过偏置电压的升高而增加,过偏置电压升高会使内部自由电荷和遂穿效应电荷增加,同时会提高量子探测效率而使雪崩信号的触发概率增加,从而使暗计数大大增加。过偏置电压相同时,温度越低,暗计数越小。

在实际应用中,为了降低暗计数,就不能使过偏置电压太高,而过偏置电压降低又会导致量子探测效率下降,在选择过偏置电压时需要同时考虑这两个方面的影响。

4.3.3　单光子探测器综合评价

单光子探测器的工作性能(量子探测效率和暗计数)受工作条件(温度和过偏置电压)影响较大。量子探测效率和暗计数与温度成正比,即温度升高,量子探测效率和暗计数均变大,暗计数随温度升高呈指数增加,而量子探测效率基本呈线性增加。量子探测效率和暗计数与过偏置电压也成正比,量子探测效率随过偏置电压升高呈近似对数增加,最后趋于稳定,而暗计数仍随过偏置电压的增加呈指数增长。单光子雪崩二极管性能变化趋势如表 4.2 所列。

表 4.2　单光子雪崩二极管性能变化趋势

工作条件参数	变化趋势	量子探测效率	暗计数
过偏置电压	▲ ▽	▲ ▽	▲ ▽
工作温度	▲ ▽	▲ ▽	▲ ▽
注:▲表示升高;▽表示降低			

从表 4.2 可以看出,量子探测效率和暗计数是相互制约的,因此在不能单独考查暗计数或量子探测效率时,暗计数与量子探测效率呈指数关系,即量子探测率增大,暗计数呈指数增加,因此量子探测效率越高,其暗计数越多。在实际应用中,应综合考虑量子探测效率和暗计数指标,不能仅追求其中的一个性能指标。

4.3.4　单光子雪崩二极管工作模式

SPAD 发生雪崩后必须尽快抑制,因此为了探测到单个光子信号,SPAD 抑制电路的设计必须满足下述条件:

(1) 能迅速检测到雪崩电流上升沿。

(2) 产生一个与雪崩信号同步的标准脉冲输出。

(3) 雪崩开始后,迅速把 SPAD 两端电压降低到雪崩电压以下抑制雪崩。

(4) 为探测下一个光子,SPAD 两端电压能自动恢复到原工作电压。

这种工作在盖革模式下,能实现上述功能的 SPAD 工作电路称为淬灭电路。根据不同应用场合和性能要求,SPAD 淬灭电路大致分为被动淬灭(PQ)模式、主动淬灭(AQ)模式和门控淬灭(GQ)模式。

4.3.4.1　被动淬灭模式

被动淬灭(PQ)模式的原理:当雪崩击穿发生时,雪崩电流迅速增大,在较大的抑制电阻上产生电压降,因此降低了加载在单光子雪崩二极管上的偏置电压,从而抑制了雪崩过程。

图 4.21 为被动淬灭模式电路及其等效电路,SPAD 与 $100k\Omega$ 左右或者更大的抑制电阻 R_L 串联,雪崩脉冲信号由小电阻 R_s 引出。反向偏置电压通过 R_L 加在 SPAD 上,把 SPAD 看作理想的光控开关 K 和电压源 V_b(V_b 为雪崩电压)串联,当光子入射时,光开关 K 闭合。图中 R_d 为 SPAD 等效内阻,C_d 为结电容,C_s 为电路中存在的分布电容。

开始时 SPAD 处于盖革模式下等待光子触发雪崩,在等效电路中相当于开

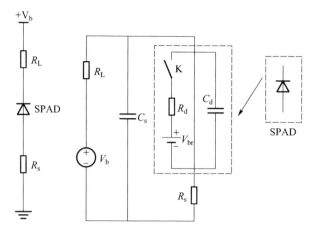

图 4.21 被动淬灭模式电路及其等效电路

关 K 打开,电路无输出,这也是 SPAD 大部分时间所处的状态。当有光子到达或由于噪声引起的伪脉冲触发雪崩时,在等效电路中相当于开关 K 闭合,电容 C_s、C_d 通过电阻 R_s 放电,抑制开始,其淬灭时间常数:$T_q = R_d \times (C_d + C_s)$。当 C_s 上的电压下降到小于 SPAD 雪崩电压 V_b 时,流经 SPAD 的电流低于 SPAD 的淬灭阈值,结区电场不足以维持继续雪崩,雪崩被抑制。雪崩停止相当于开关 K 打开,负偏压电源以恢复时间常数 $T_r = R_L \times (C_d + C_s)$ 通过大电阻 R_L 向电容 C_s 充电,使 SPAD 上的偏置电压恢复到雪崩电压以上。由 RC 充放电理论可知,SPAD 两端电压必须经过 $5T_r$ 时间才能恢复到原工作电压的 99% 以上,通常将恢复时间称为死时间。

在被动淬灭模式电路中,SPAD 大部分时间处在雪崩就绪状态,非光子引起的暗计数概率比较大。此外,抑制电阻 R_L 必须足够大才能使雪崩电流迅速降低,而且由于电路的分布电容的影响,使得该电路的抑制时间和恢复时间比较长。因此,基于无源抑制电路的光子计数器的可重复计数率不高。

为了提高被动淬灭模式电路的计数重复率,需要尽量降低抑制电阻 R_L 和阳极对地电容 C_s。但是,即使在理想的情况下,如 SPAD 的电容很小,C_d 和 C_s 都在 1pF 左右,过偏压为 1V,抑制电阻减小到 100kΩ 左右,恢复时间常数仍然在 200ns 左右,而过偏压的恢复则共需要 1μs 左右。因此,即使经过优化,单光子计数的重复率也很难超过 200kHz。

4.3.4.2　主动淬灭模式

被动淬灭的实现方式简单,但它的恢复时间(死时间)较长,限制了光子计数测量的动态范围和探测器的总体性能。为了减少雪崩恢复时间对计数重复率的影响,提高单光子探测器的性能,提出了主动淬灭模式。将雪崩信号输出反馈到 SPAD 的驱动电压上,使 SPAD 的偏置电压迅速降到击穿电压以下,从而达到抑制雪崩的目的。这是一种相对灵活得多的方式,通过减少雪崩持续的时间,减少了雪崩电荷量,从而降低了后脉冲,因此可以提高单光子探测的重复计数率。主动淬灭模式电路如图 4.22 所示。

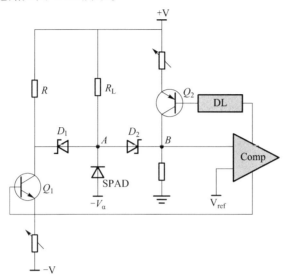

图 4.22　主动淬灭模式电路

主动淬灭模式电路基本工作原理:雪崩触发,APD 两端电压降低,当电压降低到参考电压 V_{ref} 以下时,互补对称输出比较器一端输出高电平使 Q_1 导通,将 A 点电位迅速拉低,SAPD 两端电压降低到雪崩击穿电压以下,雪崩被抑制;同时比较器另一端输出经时间延迟 t,使 Q_2 导通,B 电位升高,D_2 截止,比较器反向输出使得 Q_1 截止。此刻,D_1、D_2 同时截止,SPAD 通过电阻 R_L、结电容及分布电容充电。经延迟时间 t 后,Q_2 截止,D_2 导通,电路恢复到初始雪崩触发就绪状态。

可以看出,雪崩抑制时间可以通过设置参考电压来改变,在一定参考电压下,抑制时间取决于 B 点电压降低到 V_{ref} 以下的时间与比较器和三极管 Q_1 的传输延迟时间之和。由于采用小电阻 R_L,恢复时间常数 T_r 要比在无源抑制中约小 2 个数量级。因此,有源抑制与无源抑制相比,具有更短的恢复时间,能在一定程度上减小暗计数和提高光子计数率,提高 SPAD 探测性能。

4.3.4.3　门控淬灭模式

在被动淬灭和主动淬灭中,光子到达 SAPD 的时间并不能预先知道,因此需要 SPAD 尽量处在准备状态,以便能尽可能探测到所有达到的光子。在有些情况下能预先知道光子的到达时间,于是提出了门控淬灭(GQ)模式。通用的方法是在 SPAD 两端加一个恒定直流电压源,然后通过电容耦合一个与光子到达时刻同步的脉冲叠加在恒定直流电压源上。图 4.23 为门控淬灭模式电路及原理。

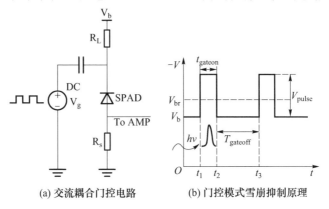

(a) 交流耦合门控电路　　(b) 门控模式雪崩抑制原理

图 4.23　门控淬灭电路及原理

门控淬灭电路基本工作原理:在 SPAD 的两端加上一个恒定的直流电压 V_a,该电压小于 SPAD 的雪崩电压 V_b。当光信号到达时,将同步控制的门控脉冲电压(幅值为 V_g,宽度为 T_{gateon})叠加到 V_a 上,并满足 $V_a + V_g > V_b$,使其工作于盖革模式下,此时单个光子即可触发雪崩并输出雪崩脉冲电流。这样 SPAD 只会在门脉冲的时间 T_{gateon} 内发生雪崩,而在其他时间因雪崩偏置电压低于雪崩电压而不会发生雪崩。

利用这种模式工作的 SPAD 只对门脉冲以内到达的光子响应,而对门脉冲以外到达的光子没有响应。门脉冲的宽度通常为几百皮秒到几纳秒,时间十分短,所以随机产生的暗载流子触发雪崩击穿的概率大大降低了。

另外,由于 SPAD 工作在盖革模式下的时间很短,因此雪崩产生的载流子总数很少。此时,如果门控脉冲之间的时间间隔大于被俘获的载流子的释放时间,即门关闭时间 $T_{gateoff}$ 大于捕获载流子的寿命,就能有效地抑制掉后脉冲,使后脉冲概率得到极大的降低。

由于门控脉冲宽度很窄,只有精确知道光子的到达时间,才能使用门控淬灭模式。另外,如果 $T_{gateoff}$ 过大,虽然降低了后脉冲概率,却限制了最大计数率。

■ 4.4　单光子探测电路研究

4.4.1　单光子探测电路方案设计

由于制造工艺的问题,专门用于近红外波段单光子探测的单光子探测器还不是很成熟,一般是利用现有的商用 APD,使其工作在盖革模式下,通过合理设计外围工作电路,改善工作环境,达到单光子探测的目的。G8931 - 20 InGaAs SAPD 探测器没有内置的前置放大器和 TEC 制冷,需要自己设计合适的外围电路,以达到单光子探测的目的。采用 G8931 - 20 InGaAs SAPD 为核心探测器的单光子探测电路结构框图如图 4.24 所示。

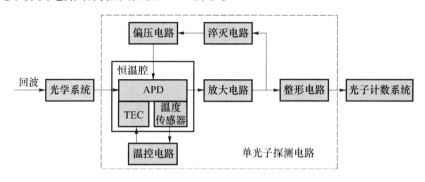

图 4.24　单光子探测电路结构框图

从图 4.24 可以看出,单光子探测电路主要有单光子探测器、温控电路、偏压电路、淬灭电路、放大电路组成。单光子探测器主要完成光电转换,将极微弱的光子信号转换成雪崩电流信号;偏压电路为单光子探测器提供高于雪崩电压偏置电压,使其工作在盖革模式下;淬灭电路在单光子探测器产生雪崩信号以后,及时控制偏置电压降到雪崩电压以下,从而抑制雪崩;温控系统包括恒温腔、TEC 和温控电路,保证单光子探测器工作在恒定的低温环境中;放大电路将微弱的雪崩电流信号进行放大,以满足后续整形电路的要求;整形电路将放大后的雪崩电流信号整形为一定幅值和宽度的 TTL 脉冲信号,能够供光子计数系统进行处理。

单光子探测电路的基本工作过程:回波信号先经过接收光学系统收集汇聚,到达单光子探测器的光敏面上;温控电路控制单光子探测器工作在恒定的低温环境中;偏置电压电路给单光子探测器一个高于雪崩电压的偏压,使其工作在盖革模式下;回波光子被单光子探测器吸收并触发雪崩,产生雪崩电流;雪崩电流经过放大电路放大后,一部分雪崩电流经淬灭电路加在单光子探测器上的偏置电压低于雪崩电压,抑制雪崩,另一部分进过放大整形之后,输出能够供光子计数系统处理的雪崩脉冲信号,完成一次探测。

单光子探测电路的主要技术指标如下:

(1) 工作波长:1.57μm。

(2) 最小响应光子数:1 个。

(3) 制冷时间:≤5min。

(4) 电路死时间:≤60ns。

本节主要研究对 $1.57\mu m$ 波长的探测,最小响应光子数 1 个,即要求电路能够对单个光子响应并探测,同时由于实际测距范围很大,也要求电路能够对较强的回波探测,制冷时间为在室温条件下将恒温腔内温度降低到探测器需要的工作温度的时间,制冷时间不能过长。电路死时间主要是由淬灭电路引起,死时间内电路无法探测回波光子,限制了测距的精度。死时间为 60ns 时,测距精度为9m,因此死时间应尽量小。

4.4.2 温控电路

4.4.2.1 半导体制冷原理

半导体制冷有独特的优越性:结构紧凑,无振动和噪声危害;体积小,重量轻,可制成各种形状,适合各种场合的要求;制冷速度快,方便集成,容易制成多级制冷器;只要改变电流方向,就可以使制冷变成制热,扩大了温度的控制范围等。半导体制冷技术由于具有诸多的优越性而成为单光子探测器制冷器的首选。

半导体材料具有极高的热电势,P 型半导体和 N 型半导体的热电势差最大,由金属导体把 N 型和 P 型半导体串联起来,当电流从 N 型半导体流向 P 型半导体时,在 N 型半导体与 P 型半导体接触端吸收热量,称为冷端;而在 N 型半导体和 P 型半导分别与金属电极相接触的一端放出热量,称为热端。应用中冷端能够表现出明显制冷效果。热电制冷原理如图 4.25 所示。

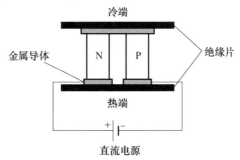

图 4.25　热电制冷原理

其大致制冷温差由下式决定:

$$\Delta T_{max} = \frac{1}{2}ZT_c^2 \tag{4.4}$$

式中:Z 为材料的优质系数,由材料性质决定;T_c 为冷端温度。半导体材料具有较高的热电势,在热端处于常温下时,最大的致冷温差为 80℃。材料珀耳帖效应的强弱用它相对于某参考材料的珀耳帖系数表示。

为了获得更低的制冷温度(或更大的温差)可以采用多级热电制冷,它由单级电堆连接而成,前一级(较高温度级)的冷端是后一级的热端散热器。利用图 4.26 分析 n 级热电制冷器的性能(不考虑级间传热温差及各种损失)。总温差为

$$\Delta T = \Delta T_1 + \Delta T_2 + \cdots + \Delta T_n = \sum_{i=1}^{n} \Delta T_i \tag{4.5}$$

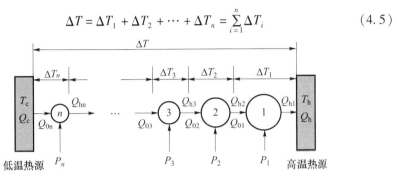

图 4.26　多级半导体制冷热力示意

由于热电制冷的每一级电堆散热量远大于制冷量,所以高温级的热电偶数目比低温级大得多。此外,随着温度的降低,总的温差 ΔT 并不是随级数的增多而成比例提高的,所以多级热电制冷的级数也不宜很多,一般为 2 ~ 3 级。

4.4.2.2　恒温腔设计

为了减小暗计数,保持雪崩电压的稳定,需要对 SPAD 进行制冷,最佳的工作温度选择在 -15℃,为了使单光子探测器始终工作在最佳工作点,我们设计了恒温腔来保证探测器工作温度稳定在 -15℃ 的条件低温下。

恒温腔在设计时要满足如下三个要求:

(1) 应保持探测器表面的清洁,防止尘粒对光信号的衰减及散射;保证入射光垂直或准垂直于探测器的光敏面。为此,将探测器连同 TEC 制冷片的冷端置于清洁的密封腔内,通过高透过率的玻璃光窗来实现光信号的传送,同时保证玻璃和环境的清洁,玻璃与探测器表面保持平行。

(2) 为了避免探测器降温过程中其表面的结霜现象,腔体应抽真空或充氮气处理。

(3) 腔体的密封及绝热是关键,玻璃光窗与腔体窗口的密封;导线与腔体的密封,唯一的要求是密封可靠,能够长时间保持腔内的高密封状态。

图 4.27 为恒温腔结构示意,将探测器整体封装在密封腔内,温度传感器采用 MCP 9700,紧贴探测器放置,尽量精确地反映探测器的工作温度,TEC 冷端置于腔内,热端直接贴在散热片上,散热片采用翅片设计,利用风冷散热,外腔为铝合金并填充绝热泡沫,阻止腔内与外界环境的热交换。

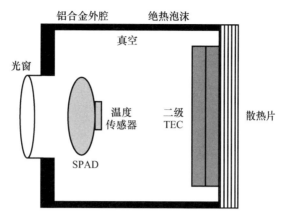

图 4.27　恒温腔结构示意

4.4.2.3　温度控制电路设计

为了开发雪崩光电二极管的极限灵敏度,一般使 SPAD 工作在低温下,有利于降低 SPAD 的暗噪声。但 SPAD 的暗噪声、雪崩电压、雪崩增益随温度变化明显,要使 SPAD 工作状态稳定,必须制冷器具有降温和恒温的功能。温度控制电路如图 4.28 所示。

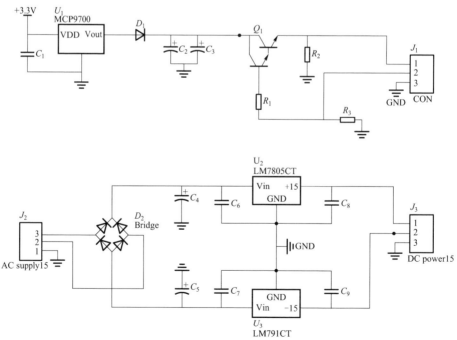

图 4.28　温度控制电路

图 4.28 中,上半部分电路为温度控制电路的控制制冷电路,MCP9700 为温度传感器,能够将腔内温度的变化以电压的形式输出,Q_1 的栅极是控制端,控制制冷电流的大小,从而控制 TEC 的制冷温度。下半部分电路为温度控制电路的制冷电源部分,为 TEC 工作提供所需要的 ±15V 电压,并可以通过桥式电路实现高温制冷和低温加热,保持腔内温度的恒定。

温控电路的工作原理:先设定 APD 要达到的冷却温度,在温度较高时,制冷器提供较大的工作电流,使密封腔快速地冷却;同时检测密封腔内壁的温度,得到同预先设定的冷却温度的差值,在把这个差值以一定的比例叠加在工作电流的控制量上来达到闭环反馈控制工作电流的目的。当密封腔内的温度达到预先设定的冷却温度时,反映温度差值的参量消失,TEC 就在设定的工作电流连续工作。一旦密封腔受到环境影响,或者受 APD 电流热效应的影响,腔内的温度发生了变化,偏离了原来的数值,就会与设定温度重新出现差值,温度差值参量又将会出现在工作电流的控制量中进行调节,使温度重新恢复到设定温度。

4.4.3　单光子探测电路

4.4.3.1　偏置电压电路设计

对 InGaAs 单光子探测器结构和内部电场的分布进行分析可知,加在其两端的电压决定了它内部异质结区的电场强度。电场强度不同,载流子的运动速度将有所不同,InGaAs 单光子探测器表现出的性能也大大不同,所以要求加在其两端的电压须足够稳定,波动性小才能保证单光子探测器具有稳定的性能,实现单光子的有效可靠测量。

偏置电压电路应满足以下要求:

(1) 有足够高的电压,能够达到并略高于探测器的雪崩电压。

(2) 能够提供足够大的电流,满足探测器雪崩时电流迅速增大的要求。

(3) 有足够小的纹波,以减少工作时带来的噪声。

(4) 能够调整输出电压大小,以利于将偏置电压调整到最合适的值。

偏置电压电路如图 4.29 所示,首先通过 DCDC 升压器将 +5V 的供电电压升压到几十伏,为了减小输出偏置电压 V 的纹波,使输出的高压经过稳压器 U_5 稳压,再通过二极管 D_5 和电容 C_{14} 组成的滤波电路滤波,可以使偏置电压 V 纹波减小到 50mV 以下。同时为了满足输出偏置电压的可调,使用运算放大器 LM358 构造一个电压跟随电路,通过输出的 HVA 信号输入到 DC – DC 升压器的控制端,控制偏压 V 在 0~100V 之间连续可调。

4.4.3.2　淬灭电路设计

淬灭电路要在雪崩发生后将反向偏置电压降低到雪崩电压以下,迅速地熄

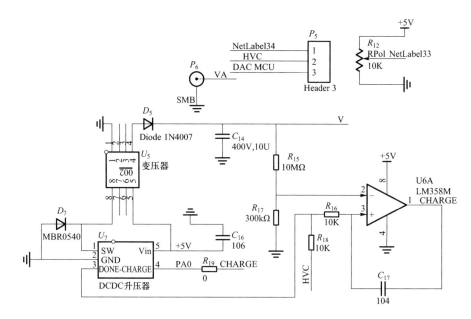

图 4.29　偏置电压电路

灭雪崩,在雪崩熄灭以后,要能够尽快地将反向偏置电压恢复到雪崩电压以上,使单光子探测器重新处于单光子探测状态。

单光子探测器在雪崩熄灭到重新恢复到单光子探测状态这一时间段(死时间)内,由于偏置电压在雪崩电压以下,因而不会发生雪崩,无法对入射光子响应。电路死时间是淬灭电路重要的评价参数,淬灭电路的死时间限制了探测电路的最大计数率,这也就限制了微脉冲测距系统的测距精度。

从 4.3.4 节中对被动淬灭、主动淬灭和门控淬灭模式的分析可知:被动淬灭模式的电路死时间较长,使测距精度大大降低;主动淬灭模式有一定的时间延迟,也增加了电路的死时间;同时由于机载测距距离范围很大,无法准确预知回波的返回时间,门控淬灭模式也无法实现。因此,选择被动 - 主动混合淬灭模式(图 4.30),能够满足较小的死时间和较大的测距范围。

混合淬灭模式的工作原理:APD 处于准备就绪状态时,其两端的工作电压为 V,淬灭开关 S_1 和复位开关 S_2 断开,电源给电路中的电容充电。当发生雪崩时,APD 自身电容通过 R_L 放电,这与被动淬灭原理相同。同时,雪崩信号从小电阻 R_S 上引出,经过 Amp 放大之后,通过比较器与设定的幅值阈值比较,如果高于阈值则认为是信号,信号上升沿触发单稳态 M_1,控制淬灭开关 S_1 闭合,抑制雪崩,通过 M_1 的设置可以调整反馈时间。当雪崩被抑制后,M_1 利用输出信号的下降沿触发 M_2,控制复位开关 S_2 闭合,APD 两端电压迅速恢复,为探测下一个光子做好准备,通过 M_2 的设置可以调整复位时间。

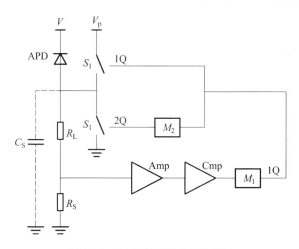

图 4.30 混合淬灭模式电路框图

这种混合抑制模式结合了被动淬灭和主动淬灭两种方式的优点,可以精确地控制抑制时间和恢复时间,并可以通过调整 M_1 和 M_2 的宽度来调整淬灭电路死时间的长短。

4.4.3.3 放大电路设计

回波光子经单光子探测器转换为雪崩脉冲信号,通常雪崩脉冲信号十分微弱,需要进行放大,我们选用了高精度宽带运算放大器 OP37 来实现放大(图 4.31)。OP37 放大器具有开环电压增益高、输入偏置电压小、低漂移等优点,通过对外电路元件参数的设计,可使放大器满足单光子探测器的设计要求。

在反馈网络并联适当大小的电容,消除了高频脉冲尖峰,使放大器在 20kHz ~ 5MHz 频带内增益起伏不大于 1dB,从而获得平滑的频率特性。图 4.31 中:C_{12}、C_{101}、C_{18}、C_{103} 组成频率补偿电路;R_{11} 为调零电阻;C_{14}、C_{102} 为电源的退耦电容,保持运放电源的稳定;R_{10} 为电压负反馈电阻,选择适当的阻值可得到所需的放大器增益。

4.4.3.4 信号提取电路设计

经过放大的信号不仅包含光子信号还包含各种噪声,需要从噪声中提取出光子信号。通过高精度的电压比较器进行鉴别,可以滤除各种噪声,提取出微弱的光子响应信号,最后通过整形,将鉴别后的光子响应信号转化成一定宽度的标准 TTL 脉冲信号,供后续光子计数系统进行处理。

信号提取电路如图 4.32 所示,经放大后的光子响应信号 VA 输入到 MAX961 的同相端,鉴别电平在反相端,鉴别电平通过变阻器 R_7 可调。通过外

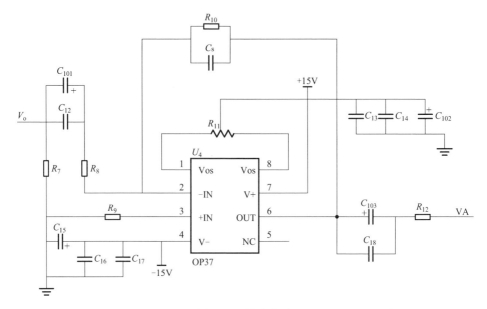

图 4.31　放大电路

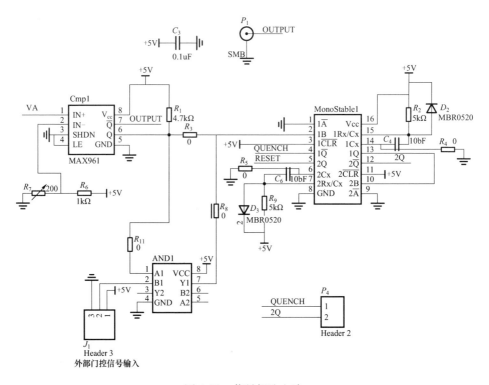

图 4.32　信号提取电路

部门控信号输入,可以控制鉴别器工作的时间段,从而满足双通道探测时不同控制时序的要求,实现近场和远场双通道的有效探测。输出脉冲信号 OUTPUT 要具有一定的幅值和宽度,且与 Q 端输入信号反相。利用单稳态触发器 Monostable1 产生 Q 端输入信号,信号高电平幅值为 +3.3V,宽度为 30ns。

4.4.4　单光子探测电路实验验证

4.4.4.1　温度控制电路制冷效果测试

为了检验温度控制系统的制冷和恒温腔的恒温效果,从上电制冷开始,每隔 20s 记录 MCP 9700 的输出电压,一直到 5min,并由此计算出腔内温度。腔内温度与制冷时间的关系如图 4.33 所示。

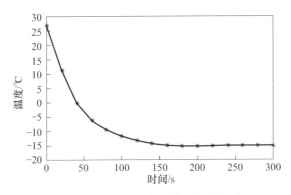

图 4.33　腔内温度与制冷时间的关系

从图 4.33 可以看出,腔内初始温度为 27℃,制冷开始 160s 后,腔内温度降低到 -15.21℃,此后 140s 都稳定在 -(15±0.3)℃ 的范围内。制冷速度和精度较好,能够满足要求,较好地保证了单光子探测器的低温工作环境。

4.4.4.2　单光子探测电路死时间测试

为了测得电路的死时间,用 100MHz 的脉冲信号来模拟光子持续输入的响应,使单光子探测电路饱和工作,达到最大的探测速度,得到的响应脉冲如图 4.34 所示。

从图 4.34 可以看出,在一个雪崩信号发生后,直到 53ns 之后才会出现下一个雪崩脉冲信号,两脉冲之间的间隔即为死时间。所以设计的主被动淬灭电路的死时间为 53ns,满足电路死时间不大于 60ns 的要求。

较小的死时间不仅可以为后面的光子计数系统提供较高的计数率,增大回波光子被探测到的概率,也可以提高系统的测距精度。

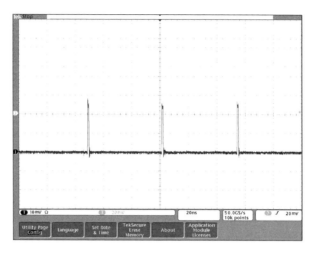

图 4.34　单光子探测电路死时间测试

📐 4.5　本章小结

　　本章首先讲述 InGaAs APD 器件基础,包括其工作原理和线性工作模式下等效电路模型,并给出器件模型参数,为电流检测接口电路的设计和仿真验证提供依据;随后,根据提出的线性模式 APD 的电流检测接口电路系统架构,结合工程应用背景,系统而全面地分析了各模块功能及相应的实现方法。接着讨论了能够用于单光子探测的器件,然后分析了 InGaAs 单光子雪崩二极管的基本结构、工作原理和主要性能参数,通过实验研究了工作温度和过偏置电压对 G8931-20 InGaAs SPAD 量子探测效率和暗计数的影响,在此基础上选择偏置电压为 42.2V,工作温度为 -15℃。最后分析了被动淬灭、主动淬灭和门控淬灭模式的原理和优、缺点。接着设计了单光子探测电路的恒温腔和温控电路,能够保证探测器工作温度稳定在低温环境下,设计了偏置电压电路、淬灭电路和信号提取放大电路,能够实现单个光子的探测。实验结果表明,在室温条件下,温控电路能够在 3min 左右将恒温腔内温度降低到要求的温度,电路死时间为 53ns。

参考文献

[1] 刘云. 红外单光子探测器的研制[D]. 合肥:中国科学技术大学,2007.

[2] Paul Heckert. Photomultipier Tubes. 3rd[M]. Hamamatst Photonics K. K. ,2006.

[3] 张鹏飞. 周金运. 单光子探测器及其发展[J]. 传感器世界,2003,10:6-10.

[4] Itzler M A,Ben-Michael R,Hsu C F,et al. Single photon detector module based on avalanche photodiodes[J]. Mod. Opt. ,2007,54:283-304.

［5］Tosi A,Dalla Mora A,Zappa F,et al.（2007）InGaAsP – InP avalanche photodiodes for single photon detection［J］. Mod. Opt. ,2009,34:271 – 378.

［6］宋丰华. 现代光电器件及应用［M］. 北京:国防工业出版社,2004.

［7］季中杰. APD 单光子计数成像实验研究［D］. 南京:南京理工大学,2011.

［8］孙志斌. 单光子探测系统及关键技术研究［D］. 北京:中国科学院研究生院,2007.

［9］邓亚楠. 单光子探测猝灭技术的研究［D］. 成都:电子科技大学,2013.

［10］彭孝东. 基于 APD 的红外极微弱光探测器的设计及相关特性研究［D］. 广州:广东工业大学,2005.

［11］王忆锋,马钰. 单光子雪崩二极管猝熄电路的发展［J］. 电子科技,2011,24（4）:113 – 118.

［12］Tosi A,DallaMora A,Zappa F,et al. Al. Single – photon avalanche diodes for the near – infered range:detector and circuit issues［J］. Mod. Opt. ,2010,56（2,3）:299 – 308.

［13］周晓亚,赵永嘉,金湘亮. 单光子雪崩二极管雪崩建立与淬灭的改进模型［J］. 固体电子学研究与进展,2012,32（5）:428 – 432.

［14］董长哲,王宇,李明,等. InGaAs 探测器热电制冷方法研究［J］. 航天返回与遥感,2011,32（4）:53 – 58.

［15］杨馥,贺岩,周田华,等. 基于伪随机码调制和单光子计数的星载测高计仿真［J］. 光学学报,2009,29（1）:21 – 26

［16］刘年生,郭东辉. 混沌二进制序列的伪随机性和复杂性分析［J］. 计算机工程与应用,2008,44（2）:16 – 19.

［17］史悦,孙洪祥. 概率论与随机过程［M］. 北京:北京邮电大学出版社,2010.

［18］胡广书. 现代信号处理教程［M］. 北京:清华大学出版社,2004.

［19］张从军,刘亦农,肖丽华,等. 概率论与数理统计:第 2 版［M］. 上海:复旦大学出版社,2012.

［20］车荣强. 概率论与数理统计:第 2 版［M］. 上海:复旦大学出版社,2012.

［21］汤儒峰,李语强,李熙,等. 基于高重频卫星激光测距测算 AJISAI 卫星自转速率［J］. 中国激光,2015,42（6）:0608010.

第5章

多脉冲激光目标信号

5.1 概　述

5.1.1 目标信号

激光回波数字信号处理器的输入由主波、回波、复位、单/多脉冲状态等信号组成。主波是对发射激光采样的一小束出射光经光电转换得到宽度为 $1\mu s$、幅度为 $+5V$ 的脉冲信号。主波脉冲指示了激光路程的起始时刻。回波是光电接收机输出的电信号,包含回波噪声和目标信号。目标回波脉冲对应光程的结束时刻。回波处理器从噪声中检测出目标脉冲,即可计算出目标距离。复位、单/多脉冲状态信号用于启动和状态指示。

5.1.2 信噪比定义

光电探测器输出的回波电流信号中除目标回波信号 i_s 之外,还包括背景噪声 i_{nb}、信号闪烁噪声 i_{ns}、暗电流闪烁噪声 i_{nd} 及探测器热噪声 i_{nT} 等。回波信噪比定义为目标回波信号峰值电流与总噪声电流均方根之比,即

$$\mathrm{SNR} = \frac{i_s}{\sqrt{i_{nb}^2 + i_{ns}^2 + i_{nd}^2 + i_{nT}^2}} \tag{5.1}$$

在实际应用中,探测器输出的电流信号经前置放大电路转换为电压信号。回波信噪比也可定义为目标回波脉冲的最大值与回波噪声均方根之比,即

$$\mathrm{SNR} = \frac{V_{\max}}{\mathrm{RMS}} \tag{5.2}$$

式中:$\mathrm{RMS} = \sqrt{\dfrac{i}{N} \sum_{i=1}^{N} (n_i - \bar{n})^2}$

5.1.3 激光目标回波信号的发生

多脉冲激光雷达目标模拟器根据设定的目标回波帧数 N、脉冲重复周期

T、主波脉冲间隔 τ、目标距离 t_0、激光雷达系统参数、大气传播环境及目标特性等参数，产生主波信号、含有目标脉冲及噪声干扰具有设定信噪比的模拟回波信号以及控制激励信号，提供给回波数字信号处理系统进行目标模拟测距。各帧回波观测信号依信噪比发生：

（1）产生噪声数据并计算其 RMS：

$$\mathrm{RMS} = \sqrt{\frac{1}{N}\sum_{i=1}^{N}\left(n_i - \overline{n}\right)^2} \tag{5.3}$$

回波噪声的观测值 $\hat{n}(t)$ 由抽取服从 $N[0,\sigma_n^2]$ 的零均值高斯分布子样得到。

（2）根据设定信噪比 SNR，计算出目标回波信号的幅值 $A = \mathrm{RMS} \times \mathrm{SNR}$。再由目标回波信号模型产生幅度为 A、宽度为 $\Delta t_1 + \Delta t_2$ 的目标回波脉冲信号。

（3）将符合信噪比要求的目标脉冲波形放置到目标观测距离所在位置，产生完整的目标回波观测数据。

（4）经由 D/A 转换发生目标回波观测信号。主波是数字信号，可由可编程逻辑器件按时序关系发生。

5.1.4　目标回波脉冲波形

根据大量子数描述的物理系统可按经典理论处理的原理，采用直接探测的激光雷达系统可按照微波雷达的统计方法进行描述。远程目标视为点目标，脉冲激光雷达方程为

$$P_R = \frac{P_T}{R^2\theta_T^2} \times \frac{\sigma}{4\pi R^2} \times \frac{\pi D_r^2}{4} \times \eta_1\eta_2 \tag{5.4}$$

式中：P_R 为接收光功率；P_T 为发射光功率；R 为目标距离；θ_T 为激光发散角，$\theta_T = \dfrac{k_a\lambda}{D}$，$k_a$ 为口径透光常数，λ 为发射激光波长，D 为接收孔；σ 为光源出光口径；D_r 为目标散射截面积；η_1 为大气传输系数；η_2 为光学系统传输系数。

一定时间内的光学系统及传播环境可认为是时不变的，由发射功率与接收功率的线性关系可知，发射信号的幅度与回波幅度也应是呈线性的。激光雷达发射脉冲 $s(t)$ 通常为宽度数十纳秒的高斯脉冲信号。因此，目标回波 $r(t)$ 也为高斯脉冲类型。

图 5.1 显示了实验中通过衰减片控制光功率逐渐减小的 $1.064\mu m$ 激光器辐射脉冲经光电转换连接示波器 TDS5104 采集的波形。图 5.1（a）、（b）的脉冲宽度均为 80ns。图 5.1（a）信号的幅度较高，激光脉冲集聚表现为一个高斯脉冲。但当功率衰减到一定程度（图 5.1（b））时，可以发现脉冲波形显现出多模的特点。也就是说，激光器发射的光脉冲实际上包含多个高斯光脉冲。

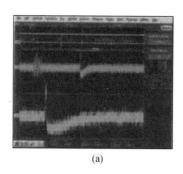
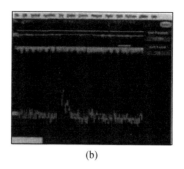

(a)   (b)

图 5.1　实际接收的激光脉冲波形

因此,发射脉冲信号建模为

$$s(t) = \sum_{n=1}^{N} A_n \exp\left(-C_n \frac{(t-B_n)^2}{2}\right) \tag{5.5}$$

式中:A_n、B_n 分别为高斯脉冲幅度和时移;C_n 为脉冲宽度的系数;N 为高斯脉冲个数。

因此,目标回波信号为

$$r(t) = g(t) \times s(t) + n(t) \tag{5.6}$$

式中:$g(t)$ 为系统传递函数,其对回波信号的影响体现在对幅度的衰减以及脉冲时间的展宽;$n(t)$ 为噪声信号,可建模为高斯白噪声。

5.1.5　空中目标的回波脉冲展宽

机载激光雷达光轴与目标飞机表面有一定的夹角,使得目标回波脉冲的宽度相对于发射脉冲明显展宽,而峰值则有所降低。

目标脉冲展宽导致接收信噪比降低。目标回波脉冲波形可看作多个高斯脉冲经展宽后的叠加。

如图 5.2 所示,设载机位于 O 点,AB 为空中目标飞机的长度(BT 长为 l_1,TA 长为 l_2),载机光轴与目标交点为 T,激光发散角为 ψ,OT 为目标距离 R,目标平面与光轴夹角为 α,CD 为光斑边界,光轴与 OB 夹角为 φ_1、与 OA 夹角为 φ_2,且 $\varphi_1 + \varphi_2 < \psi$。

设回波能量从 0.1 峰值上升到峰值的时间展宽宽度为 Δt_1,由峰值下降至 0.1 峰值时间展宽宽度为 Δt_2。

由图 5.2 的几何关系可得

$$\Delta t_1 = 2(OT - OB)/c = \frac{2R}{c}\left[1 - \frac{\sin\alpha}{\sin(\alpha + \varphi_1)}\right] \tag{5.7}$$

$$\varphi_1 = \arctan\left(\frac{\sin\alpha}{R/l_1 - \cos\alpha}\right) \tag{5.8}$$

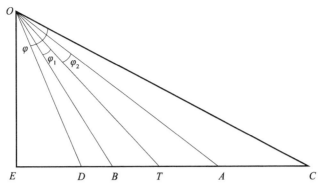

图 5.2　远程空中目标激光光斑示意

$$\Delta t_2 = 2(OA - OT)/c = \frac{2R}{c}\left[\frac{\sin\alpha}{\sin(\alpha - \varphi_2)} - 1\right] \tag{5.9}$$

$$\varphi_2 = \arctan\left(\frac{\sin\alpha}{R/l_2 + \cos\alpha}\right) \tag{5.10}$$

可以看出，Δt_1 及 Δt_2 与目标距离 R、目标尺寸及倾角 α 有关。当目标距离远大于空中目标的尺寸时，OT 与 OB 的光程差只取决于目标自身尺寸及倾角 α。

数值计算分析的结果显示 R 的影响实际可以忽略。对于 $\alpha = 15°$，$l_2 = 10\mathrm{m}$，随着距离从 $10\mathrm{km}$ 增加至 $80\mathrm{km}$，$\Delta t_1 \approx 64.394\mathrm{ns}$。

$l_1 = l_2 = 10\mathrm{m}$ 时，$\Delta t_1 \approx \Delta t_2$，不同倾角的脉冲展宽时间如表 5.1 所列。可以看出，随着倾角度的增大，脉冲展宽时间逐渐减小。

表 5.1　不同倾角的脉冲展宽时间

$\alpha/(°)$	10	20	30	40
$\Delta t_1/\mathrm{ns}$	32.827	31.322	28.866	25.532
$\alpha/(°)$	50	60	70	80
$\Delta t_1/\mathrm{ns}$	21.422	16.66	11.395	5.783

表 5.2 给出 $\alpha = 15°$ 时，不同目标尺寸的脉冲展宽时间。可以看出，随着 l_1 的增大 Δt_1 线性增加。由设定目标尺寸、目标倾角、目光电接收机带宽等参数即可确定空中目标回波脉冲展宽参数 Δt_1 与 Δt_2。

表 5.2　不同目标尺寸时的脉冲展宽时间

l_1/m	8	10	12	15
$\Delta t_1/\mathrm{ns}$	25.758	32.197	38.637	48.296
l_1/m	18	20	25	30
$\Delta t_1/\mathrm{ns}$	57.955	64.394	80.493	96.591

5.1.6 目标信号模拟器的实现

5.1.6.1 目标信号模拟器硬件设计

目标信号模拟器的组成框图如图 5.3 所示。测控软件根据设定参数产生一定帧数的目标回波观测数据,经 USB2.0 传送给目标模拟器的 FPGA 并缓存在 DDR 存储器中。FPGA 在发生主波信号的同时,同步将回波数据以 200 MB/s 的速度经 LVDS 接口发送给 DAC,产生目标回波信号。目标信号模拟器可用于外场信号的数据采集。FPGA 本身具备与串行硬盘连接的高速接口,板载一个 ARM 嵌入式处理器以运行 Linux 操作系统,用于对硬盘中数据文件的管理。存储在硬盘中的回波数据可经 USB 传输至上位机保存、重新回放。

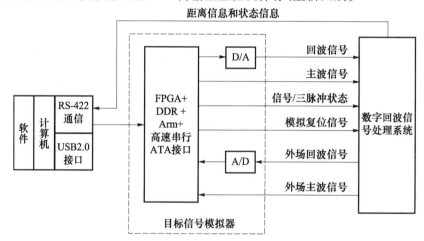

图 5.3　目标信号模拟器的组成框图

5.1.6.2 激光目标模拟器控制软件

控制软件根据界面所设定的目标距离、信噪比、重复频率、脉冲间隔、脉冲宽度、脉冲类型及要产生的数据帧数等参数,生成静态回波数据帧;或者增加设定目标起始距离、目标终止距离、目标移动速度等参数生成动态目标态回波数据帧。生成数据保存为文件,经 USB2.0 接口传输给 FPGA,采集的数据则由 FPGA 经 USB 上传至 PC。USB 通信功能封装在 cy7c68013a_lib. dll 动态链接库文件中,具有打开关闭设备、发送数据、上传数据、控制命令等 USB 驱动函数。回波处理器的测距信息经 RS-422 串口回传给上位机,与设定参数比较,计算评估检测概率、捕获时间、检测精度以及最小可检测信噪比等性能指标。静/动态目标模拟及数据采集软件工作流程如图 5.4 所示。

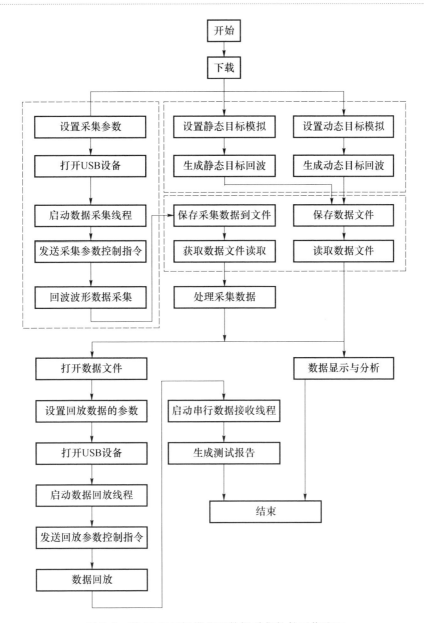

图 5.4　静/动态目标模拟及数据采集软件工作流程

5.1.6.3　目标模拟信号波形

图 5.5 给出了由示波器 TDS5104 采集的目标信号模拟器发生的设定信噪比为 2、RMS =100mV 的目标回波信号。实际测量发生的目标信号噪声 RMS = 101.0mV,最大幅值 =196mV,SNR =1.94。

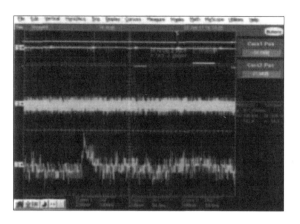

图5.5 模拟器发生的目标回波信号

5.2 目标信号模拟

5.2.1 基于光学模型的激光目标信号模拟

由小功率激光器、准直光学系统、衰减片、同步及延迟电路等组成激光目标光学模拟器,辐射脉宽、功率随大气透过率、目标特性、激光测距机特性调制的激光脉冲,可以模拟不同试验条件下的目标散射光信号。模拟器首先发生主波同步电脉冲信号,之后间隔一定时间辐射模拟激光目标回波的光脉冲。被测激光雷达在模拟主波电信号触发下,接收到激光目标模拟器发射的光信号从而完成测距仿真实验。国内现有的脉冲激光目标模拟器的主要技术指标及功能如下:

(1)激光脉冲宽度:10~100ns。

(2)激光波长:10643nm。

(3)脉冲重复频率:0~20Hz。

(4)光脉冲峰值功率:$1 \times 10^{-8} \sim 5 \times 10^{-4} \mathrm{W}$。

(5)光束最大口径:100mm。

(6)束散角:≤ 1'30″。

(7)激光光束的辐射不均匀度:≤15%。

(8)激光脉冲具有同步及延迟功能,延迟范围为1~100μs(对应目标距离为0.15~15km)。

(9)激光模拟器具有大气特征、被测目标特征、激光发射特征等物理量的计算机模拟软件,能实时产生目标回波仿真信号,可以完成重频YAG激光测距机等的半实物测距仿真实验。

现有脉冲激光目标模拟器基于光学模型设计,是针对模拟式单脉冲激光测距机的测试需求而研制的。通过在脉冲激光目标光学模拟器的光路输出端加装光电探测器,可以转换得到激光目标回波模拟电信号。随着光学衰减片的手动更换,得到反映光功率变化的模拟回波送给处理器。回波处理器接收到光电探测器转换的回波电信号,其幅度随辐射激光脉冲功率的变化而变化。

图 5.6 给出了基于光学模型的激光目标信号模拟源。该系统基本上是脉冲激光雷达的一个实物仿真模型,体积较大、光路调整不便,可用于设定光学仿真条件下对测距性能的实验室内固定地点测试与评估。由于模拟了真实的激光照射,从光电探测器得到的回波脉冲及噪声波形更接近真实激光。受到主波同步信号发生及光学衰减片手动更换的限制,通常仅作为单脉冲静态目标信号模拟源使用,用于对模拟体制单脉冲激光测距机的测试。其回波电信号不是依据信噪比发生的,不适合对回波信号处理算法及与硬件系统性能的量化评估。另外,这种方案也只能得到信噪比大于 5 的回波信号。

图 5.6　基于光学模型的激光目标信号模拟源

5.2.2　基于信号模型的激光目标信号模拟

多脉冲激光雷达的核心是回波数字信号处理器。针对回波信号处理算法及其数字化硬件实现平台的性能评估要求,如检测概率、虚警率、捕获时间等指标,需要一个依一定信噪比发生模拟激光目标信号的信号模拟源。该模拟信号源能够为激光回波数字处理器提供复位信号、主波信号、回波信号等,仿真模拟单/多脉冲、静/动态目标。目前,在多脉冲回波数字信号处理器的调试、测试中使用的激光目标模拟信号源,通常采用基于波形发生的数字脉冲衰减和激光目标光学模拟器加光电探测两种方案。

如图 5.7 所示,采用现场可编程门阵列(FPGA)依信号模型规定的电平、时序发生复位信号、主波信号,并在主波信号后延迟一定时间(如 $100\mu s$)产生回波脉冲电信号。为了模拟一定的回波信噪比,采用电位器对回波脉冲进行衰减。通过手动调节电位器,可近似模拟信噪比的变化。这一方案简单,易于实现。信号中回波噪声是真实的电路噪声。但其信号峰值及噪声均方根值无法控制,无法精确依据信噪比发生回波信号。

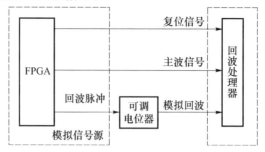

图 5.7　基于数字脉冲衰减的激光目标信号模拟源

可调电位器的阻值随时间的变化存在漂移。电位器放置在输出回路上会影响输出阻抗的匹配,在与耦合电容配合过程中会出现对脉冲信号的微分作用。在低信噪比时,回波脉冲波形由于微分而失真严重无法使用。如图 5.8 所示,用 100kΩ 电位器对 3.3V、25ns 的电脉冲进行分压,在手动调节到 83kΩ:17kΩ 时,出现了脉冲波形的微分现象。可以看到,图中圆圈处分别对应脉冲上升沿和下降沿的正、负微分尖脉冲。测量正微分尖脉冲的宽度仅为 5ns,在 200MHz 采样频率下,回波处理器仅能得到一个采样点或是采不到。这样,在低信噪比下将不能为回波处理器模拟正确的目标回波。

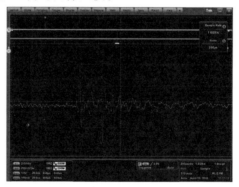

图 5.8　低信噪比时数字脉冲衰减出现微分现象

由于该回波脉冲只是矩形脉冲数字信号的衰减,并非对真实激光目标回波脉冲波形的模拟。信号中除表示目标距离之外,其他的目标特性信息均未反映。另外,回波信噪比只能手动调节,无法模拟随着时间及速度的变化时动态目标信噪比的变化。因此,这一方案可用于回波处理器调试时使用,不能用作脉冲激光雷达性能指标的测试与标定。

针对多脉冲回波信号处理算法与系统研制的要求,基于任意波形发生的激光目标信号模拟源更适合回波数字信号处理器的验证及测试需求。脉冲激光雷达模拟信号源依据激光目标信号模型模拟发生目标回波信号、复位信号和主波信号。如图 5.9 所示,基于任意波形发生器的激光目标模拟信号源主要包括测控上位机,以及由高性能 FPGA、数据通信接口及高速等构成的任意波形发生器。其中,上位机中安装测控仿真软件,能够根据设定仿真模型生成一定信噪比、帧数的回波数据由 USB2.0 接口传输至 FPGA。FPGA 将获取的回波数据缓存在双倍速率同步动态随机存储器(DDR)中,在一定时序关系控制下,将回波数据实时输出给高速 DAC,发生模拟回波信号。复位和取样信号为数字信号,由 FPGA 依时序直接产生。

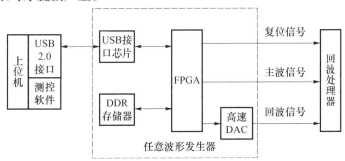

图 5.9　基于任意波形发生的激光目标信号模拟源

　　这一方案针对多脉冲数字激光雷达目标信号模拟的需求,采用仿真软件与任意波形发生器构建半实物仿真系统。其优点是回波信号由计算机基于目标信号仿真模型产生回波数据,经 DAC 直接发生,其波形、信噪比等参数均可随设定目标仿真模型产生。

5.2.3　基于目标波形模型的多脉冲激光雷达目标信号模拟

5.2.3.1　脉冲激光目标波形模型

　　脉冲激光雷达接收距离处目标反射的光功率,看作发射激光信号输入大气传播信道,经目标后向反射得到的响应。

　　如图 5.10 所示,光信号与系统存在传递函数关系:

$$P_{R}(t) = P_{T}(t) * hc(t) * ht(t) \tag{5.11}$$

式中:$t = 2R/c$,c 为光速。

　　则 R 处接收到的目标反射光功率可由下面卷积关系表示:

$$P_{R}(R) = C_{A} \int_{t'=0}^{2R/c} P_{T}(t') h_{c}(R - ct'/2) h_{t}(R - ct'/2) \mathrm{d}t'$$

$$= C_{A} P_{T}(R) * h_{c}(R) * h_{t}(R) \tag{5.12}$$

式中:C_{A} 为与脉冲激光雷达接收孔径及接收光路损耗相关的常数,且有

$$C_A = \frac{c}{2} \times \frac{\pi D^2}{4} \times \eta_{sys}$$

其中：D 为接收天线光学孔径；η_{sys} 为雷达发射及接收光学系统的总透过率。

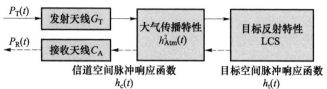

图 5.10　激光信号与系统的传递关系

5.2.3.2　发射信号

经典激光雷达理论中能量为 E_p 的单个发射脉冲可表示为

$$P_T \delta(t) = E_p \delta(t) \tag{5.13}$$

实际上，导体激光器发射脉冲可以用高斯函数近似表示，发射激光脉冲的半功率宽度为 τ_H，峰值功率为 P_0，则发射信号可简化为

$$P_T(t) = \begin{cases} P_0 (0 \leqslant t \leqslant \tau_H) \\ 0 (其他) \end{cases} \tag{5.14}$$

5.2.3.3　大气传播信道空间脉冲响应函数

脉冲激光雷达发射的脉冲激光束光功率由定向天线辐射，经大气传播至距离 R 处的目标后再反射回接收天线。反映这一光功率密度变化关系的空间脉冲响应函数可表示为

$$h_c(t) = \frac{G_T}{2} \times \frac{1}{4\pi R^2} \times \eta_{Atm}^2 \tag{5.15}$$

式中：G_T 为发射光学天线增益；R 为目标距离；$\eta_{Atm}(t)$ 为反映单程大气传输影响的参变量，单个重复周期内可视为常量，多个周期为随时间变化的随机变量。

设发射激光光束的束散角为 θ_t，则光功率在大气传播信道的空间脉冲响应函数为

$$h_c(R) = \frac{G_t}{4\pi R^2} \times \frac{1}{4\pi R^2} \times \eta_{Atm}^2 = \frac{\eta_{Atm}^2}{(\pi R^2 \theta_t)^2} \tag{5.16}$$

反映一定束散角的发射激光脉冲经大气信道往返传播的光功率密度变化。

5.2.3.4　目标反射空间脉冲响应函数

远程点目标完全位于激光光斑内或者部分位于光斑内，向反射、散射的激光

能量由目标所在处的功率密度和 LCS 确定。目标反射空间脉冲响应函数可由一定入射角度下朗伯散射点目标的 LCS 得到,即

$$h_t(R) = 4\beta A_c(R) \tag{5.17}$$

式中:β 为目标反射系数;$A_c(R)$ 为激光目标的反射面积,数值与沿照射方向的目标形状变化有关,距离 R 的函数。

5.2.3.5　脉冲激光目标回波波形

将式(5.14)、式(5.16)、式(5.17)代入式(5.12)可得目标回波光功率信号的数学表示:

$$P_R(R) = C_A P_0 \tau_R * h_c(R) * h_t(R) = \left[\left(\beta \frac{D^2}{\pi R^4 \theta_t^2}\eta_{Atm}^2 \eta_{sys} P_0\right) \times \frac{c\tau_R}{2}\right] * A_C(R) \tag{5.18}$$

当系统参数确定并且传播环境稳定时,特定距离 R 处目标的激光回波信号波形由发射激光脉冲 τ_R 和激光目标反射面积 $A_c(R)$ 的函数卷积决定。对于点目标来说,目标被光束覆盖,目标各部分对激光回波都有贡献,回波波形中包含了目标的空间结构反射特性等信息。

5.2.3.6　激光目标波形的离散化计算

式(5.18)给出的回波波形模型需要各个传递环节的函数表达式进行卷积积分。对于不同类型特定形状的目标来说,光目标反射面积 $A_c(R)$ 难以直接获得解析表示。考虑到 τ_H 的发射激光脉冲的距离分辨单元 $dR = c\tau_H/2$(c 为光速)。基于 dR 可将激光目标反射面积 $A_c(R)$ 和发射脉冲 $\tau(R)$ 离散化,利用有限长序列的离散线性卷积计算得到激光目标波形序列。

设激光入射方向与目标法线方向的夹角为 θ,沿照射方向目标径向长度为 l,则目标回波信号离散化计算步骤如下:

(1)基于发射脉冲分辨单元确定距离发射脉冲序列。τ_H 的发射激光脉冲的距离分辨单元 $dR = c\tau_H/2$。光束从径向距离上可视为若干个宽度 $dR = c\tau_H/2$、功率 P_0 的单个激光脉冲的组合 $\tau(R)$。将光功率归一化为 1,则 $\tau(R)$ 离散序列表示为

$$\tau(n) = \{\tau_n = 1\} \quad (n = 1, \cdots, M) \tag{5.19}$$

发射激光脉冲离散序列长度 $M = c\tau_H/dR$,结合激光目标距离分辨距离 $dR = c\tau_H/2$,可知 $M = 2$。因此,同脉宽的发射激光脉冲均可离散为 $\tau(n) = \{1,1\}$。时宽越窄的脉冲对应的单位距离越小,标分辨率越高。

(2)计算激光目标反射面积 $A_c(n)$ 点数。入射角为 θ,目标径向距离为 l,离散距离单元 $dR = c\tau_H/2$,则激光目标反射面积离散序列 $A_c(n)$ 的点数为

$$N = \left[l\cos\theta / \mathrm{d}R \right] \tag{5.20}$$

（3）计算目标外形面积离散序列 $A_c{}'(n)$。沿目标径向，$\mathrm{d}R$ 为单元，据目标外形尺寸可计算出目标外形面积的 N 点离散序列 $A_c{}'(n)$。

（4）计算激光目标反射截面积的离散序列 $A_c(n)$。目标反射面积为外形面积在入射角度 θ 的投影 $A_c(n) = \{A'(n)\cos\theta\}(n = 1, \cdots, N)$，$A_n$ 为第 n 个宽度为 $\mathrm{d}R$ 的激光目标反射截面积数值。

（5）由 $\tau(n)$ 与 $A_c(n)$ 的有限长序列线性卷积得到目标回波序列，即

$$S(n) = \tau(n) * A_c(n) = \sum_{i=1}^{\infty} \tau(k)A_c(n-k) \tag{5.21}$$

式中：$A_c(n)$ 为 N 点有限长序列；$\tau(n)$ 为 $M = 2$ 点有限长序列；一维距离像离散信号 $S(n)$ 为 $L = N + M - 1 = N + 1$ 点有限长序列。一维距离像波形可由矩阵相乘计算得到：

$$
\begin{bmatrix}
S(0) \\
S(1) \\
\vdots \\
S(M-1) \\
S(N-1) \\
\vdots \\
S(L-1)
\end{bmatrix}
=
\begin{bmatrix}
A_c(0) & & & 0 \\
A_c(1) & A_c(0) & & \\
\vdots & & \ddots & \\
A_c(M-1) & \cdots & \cdots & A_c(0) \\
\vdots & \ddots & & \vdots \\
A_c(N-1) & \cdots & \cdots & A_c(N-M) \\
& \ddots & & \vdots \\
& & \ddots & \vdots \\
0 & & & A_c(N-1)
\end{bmatrix}
\begin{bmatrix}
\tau(0) \\
\tau(1) \\
\vdots \\
\tau(M-1)
\end{bmatrix}
\tag{5.22}
$$

从物理意义上看，散卷积的过程可视为：时间上连续的多个宽度为 $\mathrm{d}R$ 的激光束先后照射目标，目标的回波相当于依次接收的各个反射回波波形按一定时延顺序的叠加。

5.2.3.7 目标回波信号波形仿真与分析

目标回波波形是关于目标各部分的时延、光斑中的位置、后向反射率以及目标结构起伏的联合调制函数。目标类型不同，波波形也不同。

1）飞机目标外形简化模型

对于机载脉冲激光雷达，远程飞机目标为点目标，反射面积可看作各部分物理光学反射的矢量合成。飞机目标外形由机头（A）、机翼（B）、机尾（C）等部分组成。为便于分析，机头部分可简化为圆锥机头加圆柱体机身，机翼为一定厚度的薄梯形体，机尾为垂直三角尾翼与水平三角尾翼平面。

如图 5.11 所示，机总长度为 l、圆锥体机头投影三角形面积为 S_1、圆柱体机

身投影矩形面积为 S_2、梯形机翼面积为 S_3、尾翼三角形面积为 S_{40} 和 S_{41}。设定飞机目标总长度 $l = 15\text{m}$,机头长度 $l_1 = 3\text{m}$,机身长度 $l_2 = 3\text{m}$,机翼长度 $l_3 = 6\text{m}$,尾翼长度 $l_4 = 3\text{m}$。翼展为 10m,机翼厚度为 0.2m,单个尾翼宽度为 3m。

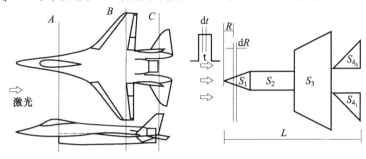

图 5.11　远程飞机目标激光照射下反射面积简化模型

2）不同照射角度、不同脉冲宽度激光照射飞机目标的回波波形仿真

针对机载脉冲雷达远程目标探测不同入射角度、不同脉宽的激光照射条件,仿真飞机目标的回波波形离散序列。其中,横轴为序列点数(距离单元的整数倍数),纵轴为回波强度。

3）入射角 θ 分别为 0°、60°、90°时,宽为 10ns 的激光目标波形仿真

发射激光脉宽 $\tau_H = 10\text{ns}$,对应的距离像分辨单元 $\text{d}R = 1.5\text{m}$,对发射脉冲光束及飞机外形进行离散化,计算不同入射角度激光目标反射面积数值序列如表 5.3 所列。

表 5.3　不同入射角度激光目标反射面积的离散计算

$\theta/(°)$	τ_H/ms	$\text{d}R/\text{m}$	$\tau(n)$	LCS
0	10	1.5	{1,1}	{0.2,1,0,0,0.5,1.2,2,4,0.1,0.1}
60	10	1.5	{1,1}	{0.5,1.8,5,7,4.5}
90	10	1.5	{1,1}	{19}

利用有限长序列线性卷积计算目标的回波波形序列,如图 5.12 所示。

仿真结果分析:激光目标一维距离像波形序列长度与目标径向尺寸、激光照射角度以及发射激光脉冲宽度等有关。从图 5.11 可以看出:当 $\theta = 0°$ 时,光束照射飞机的整个径向长度,最长波长为 16.5m(11 点,分辨率为 1.5m);当 $\theta = 60°$ 时,激光仅照射飞机径向长度的一半,距离像为 9m(6 点);随着入射角度增大,波形宽度变窄,当 $\theta = 90°$ 时,波形最窄,为 10ns 的激光脉冲宽度所覆盖的距离 3m。$\theta = 90°$ 时的回波能量强度最大。

4）脉宽分别为 10ns、20ns 的激光束,0°入射角照射目标一维距离像仿真

脉宽为 10ns、20ns 的发射信号离散序列均为 $M = 2$ 点的序列 $\tau(n) = \{1,1\}$,不同的是 10ns 对应的距离单元为 1.5m,0ns 为 3m。图 5.13 给出了两种脉宽的

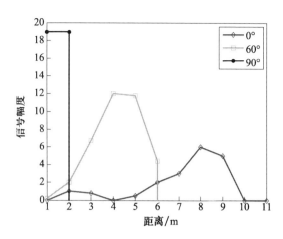

图 5.12　相同脉宽、不同角度激光照射目标回波波形

激光束从 0°方向照射飞机目标回波波形。

　　由图 5.12 可以看出:对于同一飞机目标,10ns 发射激光的目标回波波形由 11 点组成,20ns 激光回波波形仅有 6 点;随着发射脉冲变宽,回波波形的分辨率变差,波中目标的特征变模糊。入射角为 0°时 10ns 激光回波 0 ~3m 和 6 ~12m 的波形均为三角形,映了机头和机翼的形状特征;3 ~6m 的波形则反映了机身反射的变化特征。

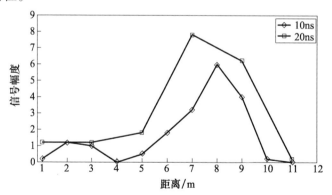

图 5.13　两种脉宽、从 0°方向照射飞机目标回波波形

　　仿真表明:飞机目标激光回波的波形变化与飞机自身的形状特征存在对应关系;波形离散算法可以直接对特定外形目标的回波波形加以仿真模拟。

5.2.3.8　激光目标回波信号探测实验

　　激光目标回波信号探测实验目的是:通过实验采集目标回波信号,验证实际回波波形与理论模型、仿真结果的一致程度,为机载多脉冲激光雷达目标信号模拟提供有意义的依据。目标回波信号探测实验系统组成如图 5.14 所示。

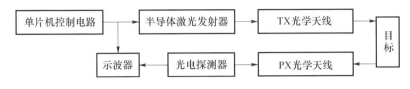

图 5.14　目标回波信号探测实验系统组成

实验采用 1064nm 半导体激光器,激光脉冲宽度为 1 ~ 100ns 可调(外触发方式)。发射光学天线采用扩束光路将束散角扩大至 4.5°,以适合短距离(室外150m 处)的目标照射。光路采用均匀棒对发射激光去相干化,现对目标的均匀照射。均匀棒透过率小,损失一定的能量,易于实现。目标为外场支架上放置的某型国产歼击机(机长 15m,翼展 8m)。控制电路产生外触发脉冲信号控制激光器发射,以一定角度向目标照射,发射的激光被接收天线汇聚,经 APD 探测和接收电路处理后由 LeCroy 的 1GHz 数字荧光示波器显示。

图 5.15 为 30ns 宽度脉冲激光照射飞机目标时示波器采集的回波波形。图5.15(a)中波形较宽,法分辨到目标形状细节,明显不是高斯波形。图 5.15(b)为 5ns 脉宽激光照射目标时的回波波形,图中波峰宽度变窄,形总体存在起伏,反映了飞机结构自机头至机尾的变化。波形采集实验为近距离大信噪比情况,结果定性验证了目标回波波形与目标反射结构间存在映射关系的结论。

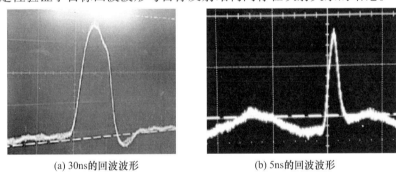

(a) 30ns 的回波波形　　　　　　　(b) 5ns 的回波波形

图 5.15　不同脉宽激光照射目标采集回波波形

5.2.3.9　基于波形模型的多脉冲激光目标信号模拟器

在某新型远程多脉冲激光测距雷达研制中,射激光脉冲宽度约为 5ns,脉冲串重复频率为 1kHz,激光雷达可在红外定位辅助下完成对静止/运动目标的瞄准、测距及测速。研制需要针对不同类型目标进行目标信号模拟,以测试多脉冲激光雷达的检测性能。应用本节所提出的目标信号波形数学模型,开展典型目标的离散化建模,利用线性卷积计算包含特定目标特征(外形、姿态、距离、速度等)信息的回波波形序列。在单帧回波信号模拟时,按照设定信噪比将目标波形与高斯噪声混合成含噪目标信号。针对多帧回波,考虑大气传播特性变化对回波的动态调制,各帧回波信噪比的随机起伏变化服从高斯随机过程,基于动态信噪比模拟发生目标多帧回波信号。多脉冲激光雷达动态目标模拟器工作原理框图如图5.16所示。

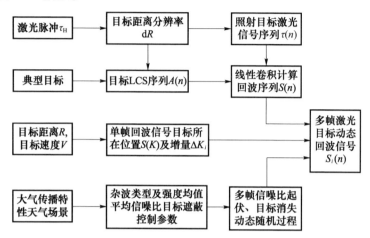

图 5.16　多脉冲激光雷达动态目标模拟器工作原理框图

基于图 5.16 得到的多帧动态回波序列 $S_i(n)$,经 FPGA + 高速 DAC 电路产生模拟回波信号,可输入多脉冲激光雷达信号处理板测试目标检测算法的性能指标。

▣ 5.3　本章小结

多脉冲激光雷达目标检测由于其累加算法的要求,应具有能够反映特定目标外形、姿态、距离、速度等特征信息的动态目标回波信号模拟源。基于发射激光、目标及大气传播信道之间的信号传递关系得到激光目标回波波形数学模型。针对解析模型不利于工程实现问题,提出了离散化算法,实现不同类型目标回波波形的直接计算。通过对远程飞机目标激光回波信号的仿真分析,指出了回波波形与目标特征的内在联系,并利用目标回波探测采集实验验证了这一关系。在某新型多脉冲激光测距雷达目标信号模拟器研制应用中,基于本章提出的模型及方法实现了激光目标的多帧动态回波信号模拟,为研究开发复杂环境条件下针对特定空地目标的多脉冲积累检测算法提供了验证测试条件。

本章提出的新型多脉冲激光雷达目标信号模拟器,与上位机数据通信速度能够达到24MB/s,能以200MHz采样率发生脉冲重复频率1~50Hz、目标距离1~150km、信噪比1~9的目标主、回波信号。与现有脉冲激光雷达模拟器比较,具有的优点:①可模拟任意信噪比静、动态目标;②可对外场回波信号进行采集、存储及事后回放;③能够模拟目标特性对回波脉冲展宽的影响;④能够模拟故障信号状态;⑤连续工作时间不受激光器发热限制;⑥设备的移动不存在重新调整光轴等问题。经过与三脉冲回波数字信号处理器交联测试,可以在实验室对算法及平台性能进行测试与评估,从而提高算法的适应性,缩短外场试验时间。

参考文献

[1] 马鹏阁,齐林,羊毅,等. 机载多脉冲激光雷达作用距离增强算法[J]. 红外与激光工程,2011,40(12):2540 – 2545.

[2] 陈向成. 脉冲激光雷达回波处理方法与系统研究[D]. 合肥:中国科学技术大学,2015.

[3] 马鹏阁,金秋春,柳毅,等. 新型机载多脉冲激光雷达目标信号模拟器[J]. 红外与激光工程,2012,41(8):2068 – 2072.

[4] 马鹏阁,齐林,羊毅,等. 机载多脉冲激光雷达目标信号模拟器的研究[J]. 光学学报,2012,32(1):0128001.

[5] 王伟明,陈志斌,沈晓彦,等. 红外测距仪电路延时模拟检测研究[J]. 红外与激光工程,2014,43(1):72 – 76.

[6] 姜海娇. 高重频脉冲激光雷达测距统计特性及其像质评价[D]. 南京:南京理工大学,2013.

[7] 孙光民,刘国岁,王蕴红. 基于线性内插神经网络的雷达目标一维距离像识别[J]. 电子与信息学报,1999,21(1)97 – 103.

[8] 杨名宇. 利用激光主动探测技术实现光电窥视设备检测[J]. 中国光学,2015,8(2):255 – 262.

[9] Zhao Y, Lea T K, Schotland R M. Correction function for the lidar equation and some techniques for incoherent CO_2 lidar data reduction[J]. Appl Optics,1988,27:2731 – 2740.

[10] 陈彦超,冯永革,张献兵. 用于半导体激光器的大电流纳秒级窄脉冲驱动电路[J]. 光学精密工程,2014,22(11):3145 – 3151.

[11] Wang Liguo,Wu Zhensen,Wang Mingjun. Scattering of ageneral partially coherent beam from a diffuse target in atmospheric turbulence [J]. Chinese Physics B,2014,23(9):205 – 211.

[12] Xia Guifen,Zhao Baojun,Han Yueqiu. Target detection inthree pulse laser radar [J]. Opto – Electronic Engineering,2006,33(3):138 – 140.

[13] 夏桂芬,赵保军,韩月秋. 三脉冲激光雷达的目标检测[J]. 光电工程,2006,33(3):138 – 140.

[14] Ping Qingwei, He Peikun, Zhao Baojun. Target detectionalgorithm of laser echo [J]. Laser Technology,2004,28(2):218 – 220.

[15] 平庆伟,何佩琨,赵保军. 激光回波的目标检测算法[J]. 激光技术,2004,28(2):218 – 220.

[16] Ma Pengge, Liu Yi, Qi Lin. Wavelet filter algorithm forecho signal of pulsed lidarat low SNR [J]. ElectronicsOptics & Control,2010,18(4):26 – 29.

[17] 马鹏阁,柳毅,齐林. 低信噪比下脉冲激光雷达回波信号小波域滤波算法[J]. 电光与控制,2010,18(4):26 – 29.

[18] Li Qi. Noise suppression algorithm of coherent ladar rangeimage[J]. Acta Optica Sinica, 2005,25(5):581 – 584.

[19] 李琦. 相干激光雷达距离像的噪声抑制算法研究[J]. 光学学报,2005,25(5): 581 – 584.

[20] Fang Haitao, Huang D S. Noise reduction in lidar signalbased on discrete wavelet transform [J]. OpticsCommunications,2004,233(1 – 3):67 – 76.

[21] Ping Qingwei, He Peikun, Zhao Baojun. Study on digitalsignal processor of the high resolution middle and long rangelaser ranger[J]. Laser & Infrared,2003,33(4):261 – 264.

[22] 平庆伟,何佩琨,赵保军. 高分辨中远程激光测距机的数字信号处理研究[J]. 激光与红外,2003,33(4):261 – 264.

[23] Yang Yi, Ni Xuxiang, Lu Zukang, et al. A pulse lasersimulator[J]. Opto – electronic Engineering,2000,27(6):43 – 47.

[24] 羊毅,倪旭翔,陆祖康,等. 脉冲激光模拟器[J]. 光电工程,2000,27(6):43 – 47.

[25] Li Songming, Xu Rongfu, Zhao Changming. Intelligentmeasuring system for performance parameters of laser rangefinder [J]. Infrared and Laser Engineering,2001,30(4):211 – 213.

[26] 李松明,徐荣甫,赵长明. 智能激光测距机性能测试系统[J]. 红外与激光工程,2001, 30(4):211 – 213.

[27] Wang Zhendong, Yang Yi, Zhang Honggang. Numericalsimulation for influence of the target properties on thereceiving bandwidth of airborne lidar[J]. Infrared and LaserEngineering, 2009,38(2):308 – 312.

[28] 王振东,羊毅,张红刚. 目标特性对机载激光雷达接收带宽影响的数值仿真[J]. 红外与激光工程,2009,38(2):308 – 312.

[29] Huang Bo, Qiu Qi. A calculation of minimal detectablepower of laser radar in space [J]. Journal of UEST of China,2003,33(1):35 – 37.

[30] 黄波,邱琪. 空间激光雷达最小接收光功率的计算[J]. 电子科技大学学报,2003,33 (1):35 – 37.

[31] Lu Guanghua, Peng Xueyu, Zhang Linrang, et al. RandomSignal Processing[M]. Xi'an:Xidian University Press,2002.

[32] 陆光华,彭学愚,张林让,等. 随机信号处理[M]. 西安:西安电子科技大学出版社,2002.

第 6 章

多脉冲激光目标检测

◼ 6.1 阳光背景光杂波特性

激光探测目标回波信号中包含目标回波、背景光杂波、探测电路噪声、激光电源脉冲干扰等。其中,杂波主要是阳光背景光杂波,而来自大功率激光器电源的电磁脉冲干扰对近程测距有较大影响。

6.1.1 阳光背景光杂波信号分析实验

对空目标探测中背景主要为太阳光,包括太阳直射光、云层反射阳光、地(海)面反射阳光、空间大气散射光及目标体反射阳光等。亚纳秒脉冲激光雷达跟踪目标的过程中,目标、载机和太阳三者位置动态变化,阳光背景光经过云层折、反射随机进入接收光学天线,形成背景光杂波。

光电目标探测过程中,背景光子进入光学天线,在光探测器上产生光电子流,与回波探测电路的热噪声动态叠加。载机对目标跟踪的过程动态中,随着天线朝向或偏离太阳方向,回波信号中不同距离范围的信噪比、信杂比发生变化。多脉冲激光的高速 ADC 采样率通常达到数百兆赫以上,高分辨率采样条件下杂波信号表现为一定幅度和宽度的脉冲特性。当目标距离较远时,干扰波形与目标回波幅度相当,会导致虚警概率上升。为了获取阳光背景光杂波信号的数据开展特性分析,课题组定制开发了光电探测装置开展实验,对阳光背景光杂波进行采集、存储及分析。

实验装置(图 6.1)包括光电探测装置(由中心波长 1064nm 的滤光片、汇聚光路、线性模式 APD 光电探测器(50V 高压偏置)、接收信号处理电路(±5V)组成)、DPO5104B 数字存储示波器及电源等。

实验过程:通过光路调整,采集朝向阳光的不同方位的光电探测接收信号,由数字示波器进行显示、存储并进行实时频谱分析。图 6.2 和图 6.3 给出了背离太阳与面向太阳探测时域及频域波形。其中,上部为时域波形,下部为频域波形。

图6.1　阳光背景光杂波采集实验装置组成

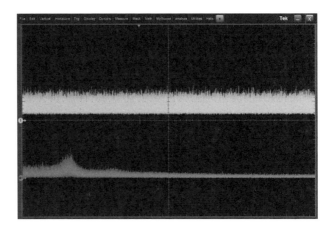

图6.2　背离太阳探测时域及频域波形

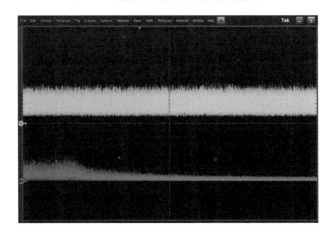

图6.3　面向太阳探测时域及频域波形

从实验数据看,阳光背景光对激光探测影响较大,主要表现如下:

(1) 背离太阳时,时域上杂波及噪声信号的均方根为330mV;频域上,采集光杂波信号在高频部能量较高,高频区域存在一定拖尾。

（2）面向太阳时,时域上杂波及噪声信号均方根为498mV,强度相比背离太阳时明显增加;频域上,采集的杂波信号在低频部分的能量明显增加,说明阳光背景光杂波相对于热噪声的脉宽较宽,高频区域的拖尾现象较明显。

进一步,将示波器波形聚焦在局部,如图6.4所示。可以看出,杂波在部分特定频率上能量较集中,这说明杂波的尖峰脉冲性增强,即杂波具有一定非高斯脉冲特性。

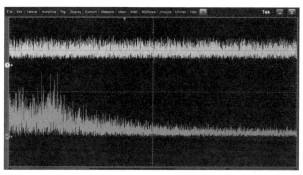

图 6.4　示波器缩放后光电探测波形

6.1.2　激光电源脉冲干扰

图6.5是利用DPO5104B数字存储示波器采集的脉冲激光器发射时的激光回波信号波形,图中下部信号波形是上部方框内波形的放大。

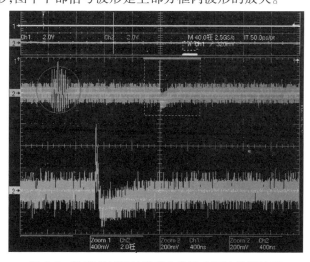

图 6.5　数字存储示波器采集的激光回波信号波形

图6.5中圆圈标出的波形是激光器发射激光时引入的振荡脉冲干扰,主要是由激光器高能电源单元在激光辐射时引入接收电路的振荡干扰信号,这类干

扰主要集中在回波信号的初始时间段。在实际处理时,通常将这段时间的回波信号数据(对应 1km 距离范围内)舍弃不处理。但这会使得近距离的目标无法检测,在战机进行近距格斗时将无法提供精确瞄准数据。

总体上,机载脉冲激光目标探测面临的杂波为阳光背景光杂波。杂波特性总体上为均匀杂波,表现有一定的非高斯特性。面向太阳与背离太阳的杂波强度变化明显。亚纳秒脉冲激光对远程目标的探测是载机对目标的动态跟踪过程,而目标距离远,回波信号中不同距离段的杂波强度会存在差异。因此,将杂波总体分为均匀杂波和存在强弱杂波区、杂波边缘的非均匀杂波两种背景,本书的多脉冲激光目标探测也基于这两种杂波背景开展目标检测。

6.1.3 基于光子计数 PMF 的脉冲激光目标存在性二元假设检验

激光雷达对空中目标发射光脉冲,接收回波信号以确定是否存在目标,这种情况属于简单二元假设问题:第一种可能性是存在目标,第二种可能性是不存在目标。如果存在目标信号,但由于测量中噪声的存在,则可能无法检测到信号。考虑到亚纳秒多脉冲激光远程目标探测回波信号非常弱,目标存在性假设检验问题应为特定时刻光电探测器接收的多个光子计数是否为目标反射的激光脉冲所导致。

观测信号 D 中的光电子数的离散事件概率质量函数(PMF)为 $P(D|H_1)$,其中 H_1 表示存在目标。当反射光信号存在并通过 APD 放大时,噪声通常由激光散斑和光子计数噪声支配。在这种情况下,PMF 具有负二项式形式,即

$$P(D_S) = \frac{\Gamma(M + D_S)}{\Gamma(M)\Gamma(D_S)} \left(1 + \frac{S}{M}\right)^{-M} \left(1 + \frac{M}{S}\right)^{-D_S} \tag{6.1}$$

式中:Γ 为伽马函数;S 为由于激光脉冲从目标反射的光电子计数值的平均值;D_S 为从返回的激光脉冲观测到的光子的随机数,使用 PMF 需要知道散斑噪声观测的参数 M 以及期望的光电子数。

激光并非是照射目标的唯一光源。在实际情况下,太阳也可照射目标并平均提供 B 个光电子。因为这些光电子来自自然光,所以它们的 PMF 满足泊松分布。由该背景光产生的随机光子数的观测为 D_B,因此其 PMF 为

$$P(D_B) = \frac{B^{D_B} e^{-B}}{D_B!} \tag{6.2}$$

观测信号 D 是由来自激光器的反射光加上来自自然照明源(如太阳)的光而产生的信号的总和,即 $D = D_S + D_B$。计算离散随机变量 D_S 和 D_B 的 PMF 可以确定 D 的条件 PMF,$P(D|H_1)$。这需要得到 D_S 和 D_B 的联合 PMF。考虑到这两个观测的随机性是由光子的随机到达时间和反射物体的表面粗糙度造成的,可假定这两个随机变量是统计独立的。因此,联合概率质量出数可以表示为

$$P(D_S, D_B) = \frac{\Gamma(M + D_S)}{\Gamma(M)\Gamma(D_S)} \left(1 + \frac{S}{M}\right)^{-M} \left(1 + \frac{M}{S}\right)^{-D_S} \frac{B^{D_B} \mathrm{e}^{-B}}{D_B!} \qquad (6.3)$$

由 $D_B = D - D_S$，对 0 和 D 之间 D_S 的所有可能值求和，则有

$$P(D \mid H_1) = \frac{\mathrm{e}^{-B} B^D}{\Gamma(M)} \left(1 + \frac{S}{M}\right)^{-M} \sum_{D_S = 0}^{D} \frac{\Gamma(M + D_S)}{\Gamma(D_S)} \left(1 + \frac{M}{S}\right)^{-D_S} \frac{B^{-D_S}}{(D - D_S)!} \qquad (6.4)$$

在没有目标信号的情况下，观测 D 由背景光支配。与自然背景相关的噪声本质上是具有泊松统计特性的，观测 $P(D \mid H_0)$ 的 PMF 可由式(6.2)给出。在无目标假设 H_0 的情况下，参数 B 是测量期间由背景和检测电路中的暗电流贡献的光电子的期望数目。该背景值可以在激光器未激发或接收器孔径被阻挡的环境中直接测量。

在两种假设下使用 PMF 进行观测，贝叶斯定理允许假设 H_1 为真的事件的条件概率为

$$P(H_1 \mid D) = \frac{P(D \mid H_1)P(H_1)}{P(D)} \qquad (6.5)$$

式中：$P(H_1)$ 为目标存在的概率；

这些概率通常是未知的。盲检测器通常假定目标存在的概率与它不存在的概率相同。如果可靠的目标统计是已知的，则可以用于提高检测器性能。上述 PMF 中 $P(D)$ 是观测数据的无条件 PMF，可以结合先验概率 $P(H_0)$ 和 $P(H_1)$ 从条件概率 $P(D \mid H_1)$ 和 $P(D \mid H_0)$ 计算该 PMF。

探测器设计的目标是产生一种选择更可能正确的假设(H_0 或 H_1)的方法。贝叶斯定理提供了实现这一方案的手段，因为它允许计算给定观测数据的假设的概率。检测器设计用于选择基于给定数据中具有最大概率的假设。该判决过程的数学表达式由下式给出：

若 $P(H_1 \mid D) > P(H_0 \mid D)$，则为 H_1；反之，则为 H_0 \qquad (6.6)

式(6.6)给出了一个规则，即允许使用给定的数据决定应该选择哪个假设。若对等效表达式两边同时取自然对数，由于式(6.6)两边是非负函数，并且自然对数是单调函数。那么，按照贝叶斯定理计算式(6.6)的条件概率密度，取自然对数，将得到表达式：

若 $\ln(P(D \mid H_1)) + \ln(P(H_1)) - \ln(P(D)) > \ln(P(D \mid H_0)) + \ln(P(H_0)) - \ln(P(D))$，则为 H_1；反之，则为 H_0 \qquad (6.7)

如果先验概率 $P(H_1) = P(H_0)$，则可将其简化为似然比检验(LRT)Λ：

若 $\Lambda = \dfrac{\ln(P(D \mid H_1))}{\ln(P(D \mid H_0))} < 1$，则为 H_1；反之，则为 H_0 \qquad (6.8)

因为 $P(D \mid H_0)$ 是 PMF，所以它的值总是在 0～1 之间，故其自然对数总是负的。因此，针对具有离散光电子计数信号的脉冲激光雷达系统的情况，式(6.8)

将始终成立。要使用 LRT，必须能够在目标存在或不存在的情况下同时定义数据的 PMF。

针对脉冲激光雷达系统的空中目标探测，当激光脉冲返回时，它向接收机提供 S 个光电子的平均值；在激光脉冲返回之前，从目标的反射光观测到 B 个光电子。当采用高 APD 增益时，探测可以忽略热噪声。如果忽略暗电流噪声，则观测数据 $P(D|H_1)$ 的 PMF 可由式(6.1)得到，背景 PMF $P(D|H_0)$ 可由式(6.2)得到。将这些项代入式(6.8)导出第一个 LRT 的表达式：

$$\Lambda_1(D) = \frac{\ln\left[\dfrac{e^{-B}B^D\left(1+\dfrac{S}{M}\right)^{-M}}{\Gamma(M)}\sum_{D_S=0}^{D}\dfrac{\Gamma(M+D_S)}{\Gamma(D_S)}\left(1+\dfrac{M}{S}\right)^{-D_S}\dfrac{B^{-D_S}}{(D-D_S)!}\right]}{D\ln(B)-B-\ln(D!)} < 1$$

(6.9)

如图 6.6 所示，对于大于 58 的任何接收光子数观测 D，检测器将判决目标存在。但当目标存在时，它需要信号 PMF 已知。然而，用于定义信号 PMF 的信号光电子 S 的平均数目，仅在已知到达目标及其反射率时才是已知的。这些参数在初始采集目标时通常是未知的，虽然上面提出的目标检测方法是最优的，但使用上述 LRT 对于大多数的应用不切实际。因此，要将背景和信号中的噪声近似为具有适当的均值及方差的高斯分布。使用高斯近似，假设目标存在的离散数据的 PMF 由下式给出：

$$P(D\mid H_1) = \frac{1}{\sigma_1\sqrt{2\pi}}e^{\frac{-[D-(S+B)]^2}{2\sigma_1^2}}$$

(6.10)

式中：σ_1 为单位光电子中的波形噪声的标准偏差；S 为信号光计数；B 为背景光谱计数。

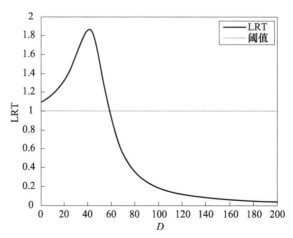

图 6.6　基于光子计数的似然比检验(LRT)曲线

在这种情况下, $P(D|H_1)$ 等于 PMF, 等式 (6.10) 是连续高斯 PDF。1 个光电计数的矩形的面积等于每个离散点 D 乘以宽度。这将产生在随机变量 D 的每个离散值处集中概率质量的效果。噪声光电子一般通过电子器件、检测器和光学系统反向传播, 以模拟噪声等效光子水平 (NEP)。NEP 可用于与入射在孔径上的反射光子的水平进行比较。用信号光计数 S 可以估计出激光斑点噪声的方差, 然后将斑点噪声方差添加到背景光谱计数 B, 其等于泊松噪声的方差, 这些方差之和的平方根等于观测数据的方差。当目标不存在时, 将观测数据的泊松 PMF 近似为高斯型:

$$P(D \mid H_0) = \frac{1}{\sqrt{2\pi B}} e^{\frac{-(D-B)^2}{2B}} \tag{6.11}$$

将 LRT 定义为 Λ_2, 通过将式 (6.10) 代入式 (6.8) 的分子, 将式 (6.11) 代入式 (6.8) 的分母, 得到:

$$\text{若 } \Lambda_2(D) = \frac{\dfrac{-(D-S)^2}{2\sigma_1^2} - \ln(\sigma_1\sqrt{2\pi})}{\dfrac{-(D-B)^2}{2B} - \ln(\sqrt{2\pi B})} < 1, \text{则为 } H_1; \text{反之, 则为 } H_0 \tag{6.12}$$

式 (6.12) 比式 (6.9) 的 LRT 的计算量小 1 个数量级。假设 H_1 的数据的方差近似等于假设 H_0 的方差, 则 LRT 变为 Λ_3:

$$\text{若 } \Lambda_3(D) = \frac{\dfrac{-(D-S)^2}{2B} - \ln(\sqrt{2\pi B})}{\dfrac{-(D-B)^2}{2B} - \ln(\sqrt{2\pi B})} < 1, \text{则为 } H_1; \text{反之, 则为 } H_0 \tag{6.13}$$

进一步简化后, 得到:

$$\text{若 } \Lambda_3(D) = D > \frac{S+B}{2}, \text{则为 } H_1; \text{反之, 则为 } H_0 \tag{6.14}$$

这样, 可以得到基于多光子计数的脉冲激光雷达目标存在性似然比检验。

6.1.4　基于光子计数的脉冲激光目标检测性能指标

目标检测性能指标主要包括检测概率和虚警概率。第一个性能度量是检测概率 P_d, 它是检测器从返回的光子数中找到目标的概率。它在数学上定义:

$$P_d = \sum_{D \in D_{\text{target}}} P(D \mid H_1) \tag{6.15}$$

式中: D_{target} 为使 LRT 小于 1 的光电计数值的集合。

如果检测概率用于设计雷达系统, 则需要给定平均信号光电子 S 的数量以

及从背景光 B 产生的光电子的数量。对于给定的 S 和 B 数值,可以确定使 LRT 小于 1 的光电子值的集合。以这种方式,D_{target} 被确定为这些信号和背景参数的函数。用 D_{target} 识别,式(6.15)可计算检测概率。

实际判决通常不能基于目标相关参数(如到达目标的范围或其反射率)来确定。虽然有可能整合式(6.4)对 S 的所有值,从而使 PMF 独立于目标的未知范围和反射率,这将使得 LRT 非常难以计算。因此,需要研究基于背景统计的目标检测技术。该技术不是通过其检测概率来定义接收机,而是指定其虚警概率,即如果目标不存在,将错误地检测到目标的机会。该现象称为虚警。虚警概率为

$$P_{fa} = \sum_{D=D_{NB}}^{\infty} P(D \mid H_0) \tag{6.16}$$

式中:D_{NB} 为光子计数阈值的集合。

在式(6.16)中,选择光子计数阈值 D_{NB} 的集合,使得式右侧等于指定的虚警概率。这种设计策略是对假定没有目标存在观测数据的概率求和,该 PMF 是仅有背景光电子 B 的平均数的函数。与目标相关参数 S 不同,如果在不激发激光的情况下采集背景光,则可以观测背景杂波。这使得可以识别 PMF $P(D \mid H_0)$,从而计算产生虚警的适当概率的集合 D_{NB}。这样,就得到了单个样本点激光目标的检测策略。

6.1.5 基于激光目标波形全部样本联合概率的目标检测

上节给出了激光回波波形中单个样本点基于光子计数的目标检测判决策略。本节讨论用于检测的波形模型及其相关的联合概率质量函数。一般而言,离散波形 D_k 是每个时间样本 t_k 的光电子数,其中 k 是整数。如果目标不存在,则观测的波形数据 D_k 将具有平均值为 N_b,PMF 为泊松分布。如果存在目标,则波形数据的每个采样将具有式(6.4)中描述的 PMF,其中 $S = N(k)$ 和 $B = N_b$。在这两种情况下,假定任何两个点处的波形数据在统计上彼此独立。目标不存在的 PMF 为

$$P(D_k \mid H_0 \, \forall \, k \in (1, N_s)) = \prod_{k=1}^{N_s} \frac{N_b^{D_k} e^{-N_b}}{D_k!} \tag{6.17}$$

目标存在的情况下,用于所有波形数据的联合 PMF 为

$$P(D_k \mid H_1 \, \forall \, k \in (1, N_s))$$

$$= \prod_{k=1}^{N_s} \frac{e^{-N_b} N_b^{D_k}}{\Gamma(M)} \left(1 + \frac{N(k)}{M}\right)^{-M} \sum_{D_S=0}^{D_k} \frac{\Gamma(M+D_S) N_b^{-D_S}}{\Gamma(D_S)(D_k - D_S)!} \left(1 + \frac{M}{N(k)}\right)^{-D_S}$$

$$\tag{6.18}$$

最佳检测器将选择在给定观测波形数据的情况下具有较高概率的假设。式(6.8)中描述的 LRT 在给定波形数据 D_k 时,用于决定哪个假设是真实的。当观

测数据近似为元素之间具有零协方差的高斯随机矢量时,在假设 H_1 下的基于激光回波波形全部样本点的联合概率为

$$P(D_k \forall k \in (1, N_s) \mid H_1) = \prod_{k=1}^{N_s} \frac{1}{\sigma(k)\sqrt{2\pi}} e^{\frac{-\{D_k - [N(k) + N_b]\}^2}{2\sigma(k)^2}} \qquad (6.19)$$

式中:$\sigma(k)$ 为每个样本的假设 H_1 下的全部波形数据的标准偏差。

假设 H_0 下,假设样本之间的统计独立性,波形样本序列的联合概率为

$$P(D_k \forall k \in (1, N_s) \mid H_0) = \prod_{k=1}^{N_s} \frac{1}{\sqrt{2\pi N_b}} e^{\frac{-(D_k - N_b)^2}{2N_b}} \qquad (6.20)$$

高斯假设的波形数据联合概率似然比检验可以通过将式(6.19)、式(6.20)代入式(6.8)得到。

对式(6.19)及式(6.20)取自然对数,可得

$$\ln \left[\prod_{k=1}^{N_s} \frac{1}{\sigma(k)\sqrt{2\pi}} e^{\frac{-[D_k - [N(k) + N_b]]^2}{2\sigma(k)^2}} \right]$$

$$= \sum_{k=1}^{N_s} \left\{ \frac{-\{D_k - [N(k) + N_b]\}^2}{2\sigma(k)^2} - \ln \sigma(k)\sqrt{2\pi} \right\} \ln \left[\prod_{k=1}^{N_s} \frac{1}{\sqrt{2\pi N_b}} e^{\frac{-(D_k - N_b)^2}{2N_b}} \right]$$

$$\qquad (6.21)$$

$$= \sum_{k=1}^{N_s} \left[\frac{-(D_k - N_b)^2}{2N_b} - \ln \sqrt{2\pi N_b} \right] \qquad (6.22)$$

将式(6.21)、式(6.22)代入式(6.8),可得

$$\Lambda(D) = \frac{\displaystyle\sum_{k=1}^{N_s} \left[\frac{-(D_k - N_b)^2}{2N_b} - \ln \sqrt{2\pi N_b} \right]}{\displaystyle\sum_{k=1}^{N_s} \left\{ \frac{-\{D_R - [N(k) + N_b]\}^2}{2\sigma(k)^2} - \ln \sigma(k)\sqrt{2\pi} \right\}} < 1 \qquad (6.23)$$

用 $\sqrt{N_b}$ 代替 $\sigma(k)$,可得

$$\sum_{k=1}^{N_s} \{D_k - [N(k) + N_b]\}^2 < \sum_{k=1}^{N_s} (D_k - N_b)^2 \qquad (6.24)$$

$$\sum_{k=1}^{N_s} \frac{N(k)}{2} < \sum_{k=1}^{N_s} (D_k - N_b) \qquad (6.25)$$

$$\sum_{k=1}^{N_s} D_k > \sum_{k=1}^{N_s} \frac{N(k)}{2} + \sum_{k=1}^{N_s} N_b \qquad (6.26)$$

式(6.26)给出了基于全部波形数据检验目标存在的条件。脉冲激光目标的检测可看作目标波形上各样本点存在性的联合假设检验。可以看出,杂波背

景下基于波形的目标检测与信号强度(电路热噪声一定的情况下,取决于信噪比)及杂波特性有关。提取激光目标特征首先是检测出完整的目标回波波形,式(6.26)给出了从杂波和噪声背景中提取目标波形的条件。

6.2　基于 DBT 的激光弱目标检测

6.2.1　基于 DBT 的激光弱目标检测问题

针对机载多脉冲激光雷达,目标检测的性能指标要求主要包括:

(1)目标和背景特性:天空背景下的飞机、导弹等空中点目标。

(2)输入输出信号特征:

① 激光视频回波信号:脉冲信号,脉宽大于 10ns,幅值范围为 0.3~3.3V。

② 主波信号:脉宽 1μs 的 TTL 脉冲信号,周期为 50ms、100ms、200ms、500ms(可通过显示控制台选择),三脉冲之间的间隔为 500μs。

(3)基本技术指标及要求:

① 设计距离测量范围:1~75km。

② 输出距离精度:均方根误差小于 10m。

③ 最小可检测信噪比:检测概率大于 90% 的前提下,能达到 2 以下。

④ 距离输出实时性要求:捕获目标后,每个脉冲周期输出当次测量距离值。

⑤ 单/三脉冲切换:默认为单脉冲机制,在无法稳定捕获目标时,自动切换为三脉冲模式。

目前,低信噪比下激光弱目标 DBT 检测还存在诸多制约的因素,主要有:

(1)机载条件。激光雷达体积和重量受到机载条件的严格限制,不能简单地通过增加激光器发射功率、增大天线孔径等措施来提高信噪比。

(2)回波数据量。激光雷达不同于微波雷达,其发射激光脉冲宽度很窄(10~20ns),即使考虑大气传输和目标反射对目标回波信号的展宽,回波信号的脉冲宽度也只有几十到 100ns。因此,激光雷达具有微波雷达所没有的高距离分辨率。但要从激光回波中采集到如此窄的脉冲,数字信号处理系统的 A/D采样率通常要达到 200MHz 以上,采集的激光回波数据量巨大,这将限制滤波算法的选择。

(3)光电探测接收系统带宽。激光雷达光电探测器中雪崩二极管响应速度较慢,接收机的系统带宽较窄,难以采用微波雷达中常用的最佳匹配滤波方法。

(4)脉冲重复频率。中远程激光雷达受到激光激励电源的充电时间和散热限制,发射脉冲的重复频率较低,通常为 1~20Hz。战机飞行速度快,追飞时相对速度约为马赫数 0.5,迎头对飞时最大可达到马赫数 2.5。这样,多帧回波中的目标不在同一波门内,难以采用微波雷达信号积累技术来提高信噪比。

（5）发射信号波形。脉冲激光雷达发射信号波形不像电磁雷达那样可以采用线性调频信号（Chirp 信号）等复杂波形,只是经过宽度调制的高斯脉冲激光信号。因此,通常采用非相干直接探测的方法。

（6）能见度、大气湍流等气象条件。激光雷达受到气象能见度及大气湍流等条件的影响较大,导致回波信号闪烁明显,表现为多帧回波信号中目标信号强度起伏较大。这会导致回波的信噪比跳动也较大,影响对目标的捕获,会使已经捕获的目标失锁。

（7）载机与目标的相对机动。机载应用条件下,载机和目标飞机都是高速运动的飞行器,而且在迎头飞时相对速度更大。对这样的高速目标实现检测及跟踪的难度也较大。

随着技术的发展进步,提高单帧激光回波的信噪比也不断出现一些新的有利的因素:

（1）信号处理算法与系统的发展。由回波数字处理器替代模拟回波检测电路,可以实现复杂的数字信号处理算法,在保证实时性的前提下,获得更高的单帧回波信噪比处理增益。随着半导体集成电路的发展,数字信号处理器件的性能不断发展。DSP 集成度越来越高,处理能力更强。高性能 FPGA 器件能够对数字信号做并行处理,有利于实现复杂信号处理算法的应用。

（2）多脉冲激光发射机制。随着以三脉冲激光器为代表的多脉冲激光器的研制成功,脉冲激光雷达可以在一个脉冲重复周期中以数百微秒的时间间隔连续多次发射。这样,在目标没有移出波门的情况下,可以对多个脉冲回波信号进行数字化,并由 DSP 实现多脉冲累加,可以将信噪比提高 $\sqrt{N}$ 倍。

（3）回波信号的特征。目标回波信号波形是由多个不同时移、幅度依次递减的高斯脉冲经脉冲展宽后叠加形成的。低信噪比下,由于目标回波脉冲会发生展宽。

这一宽度特征,一方面会在采样时取得更多的有效样本点,另一方面表明低信噪比时目标回波脉冲信号的能量更多体现在低频分量。

（4）多帧回波的相关性。多帧回波数据存在目标位置、速度、加速度等参数的相关性,利用这些目标参数进行匹配,可以剔除虚假目标,检测出真实目标。

综上所述,在低信噪比下通过应用数字处理器并采用信号处理算法提高单帧回波的信噪比,是实现对激光弱目标的检测关键。

图 6.7 给出了基于 DBT 的激光目标检测流程。

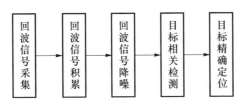

图 6.7　基于 DBT 的激光目标检测流程

6.2.2　目标回波降噪

6.2.2.1　激光回波信号的时域积累与滤波算法

1）算法描述

（1）三脉冲累加。脉冲激光雷达由于脉冲重复率较低（通常在 10Hz 以下），相邻帧的回波无法直接积累。随着多脉冲激光器的研制成功，在一个帧周期内可以连续发射多个激光脉冲串（间隔数百微秒），这样的多脉冲回波能够实现积累。三脉冲激光回波光信号经光电探测器转换为模拟电信号，由 200MHz 高速 A/D 采样，首先由 DSP 进行累加，可获得 $\sqrt{3}$ 倍信噪比增益，离散样本数据的计算如下：

$$y[n] = (x_1[n] + x_2[n] + x_3[n])/3 \qquad (6.27)$$

（2）脉宽匹配差分 + 平滑滤波。脉冲激光雷达的发射信号为单脉冲或三脉冲波形，其接收信号由于目标反射及传播特性而展宽。采取三脉冲积累后的回波信号也将展宽。因此，激光雷达回波信号相对于噪声主要为低频信号，在高频信息中很难提取到有用信息。图 6.8（a）是由示波器采集的大信噪比（约为 9）时的回波信号波形。图 6.8（b）是利用计算机通过 TDS560 仿真器连接回波处理电路板，由 CCS 软件采集的低信噪比（约为 3）时激光雷达回波数据，脉冲宽度持续时间 10ns，由 200MHz 的 A/D 采样所得。由图 6.8 可以看出，目标的回波信号具有一定宽度，且并具有一定的下冲特点。

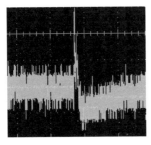

(a) 示波器采集的激光回波波形

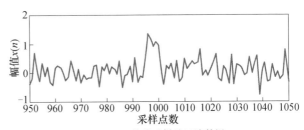

(b) CCS软件采样的回波数据

图 6.8　回波信号波形及离散数据

图 6.9 是 2000 点回波信号做 FFT 得到噪声的频域特性。由图 6.9 看出,噪声功率主要集中在 0 ~ 60MHz 的频率范围内,且低频能量较集中。

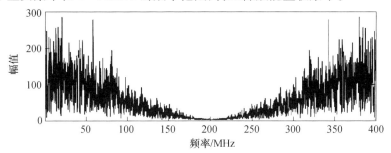

图 6.9　回波噪声的幅频特性

考虑到激光回波中目标信号属于脉冲信号,首先采用隔点差分滤波滤除信号中的直流分量。其中,M 的点数选取应与目标脉冲宽度匹配。在 200MHz 采样频率下,要检测出 50ns 左右的脉冲信号,M 通常选 6 点,则有

$$y(n) = x[n] - x[n + M] \tag{6.28}$$

差分滤波之后,采用 N 点平滑滤波对高频噪声加以抑制。为了与目标脉冲宽度相匹配,取 $N = M$,也选为 6 点,则有

$$y(n) = \frac{1}{N} \sum_{i=0}^{N-1} x(n + i) \tag{6.29}$$

采用与目标脉冲宽度相匹配的差分及平滑时域滤波算法,在信噪比改善的同时,运算量较小,便于实时实现。式(6.28)和式(6.29)可以合并为

$$y(n) = \frac{1}{N} \sum_{i=0}^{N-1} [x(n + i) - x(n + i - M)] \tag{6.30}$$

考虑信噪比高时目标回波脉冲宽度较窄(信噪比为 4 ~ 9 时,对应 50 ~ 20ns),低信噪比时脉宽较宽(信噪比为 2 ~ 4 时,对应 100 ~ 50ns),可以采取多级脉冲宽度匹配数字滤波的措施。起始时采取较窄的平滑宽度(如 6 点),根据当前噪声状况对平滑宽度进行自适应的调整,从而获得理想的信噪比改善。噪声状况的估计可通过选取一定点数的噪声数据样本计算其均方根值加以评估。

2）算法性能分析

对回波信号处理算法性能可以从算法的有效性和实时性两个方面加以评估。其中,算法的有效性可以用特定信噪比下满足一定虚警概率条件的目标检测发现概率加以表示。算法的实时性则可从算法对单帧回波信号处理完成的时间,以及多帧校验过程后目标捕获时间两个方面来体现。另外,通常还要对目标距离检测精度加以测试。

在光电信号处理中,通常采用幅度信噪比对信号进行量化,以及对算法进行

评价。激光回波的信噪比为

$$SNR = \frac{A_{signal}}{A_{noise}} = \frac{V_{max}}{V_{RMS}} \tag{6.31}$$

式中：A_{signal} 为信号幅度峰值（V_{max}），A_{noise} 为噪声幅度均方根（V_{RMS}）。

实际算法仿真中，将噪声视为零均值高斯白噪声。MATLAB 软件中通常使用 AWGN 函数产生含噪信号。需要指出的是，AWGN 采用的信噪比单位为 dB，其值为 10 倍对数信号与噪声功率比，或者 20 倍对数幅度峰值与噪声均方根值之比，即

$$SNP = 10\lg\left(\frac{P_{signal}}{P_{noise}}\right) = 20\lg\left(\frac{A_{signal}}{A_{noise}}\right) \text{（dB）} \tag{6.32}$$

式中：P_{signal} 为信号功率；P_{noise} 为噪声功率。

因此，在对算法性能评估时，需要将光电信号的 AWGN 信噪比与幅度信噪比加以转换做对应。

（1）回波信噪比的改善。为了对算法的滤波性能加以分析评估，设定信噪比为 2～5 随机发生回波进行 1000 次的滤波仿真（采用 MATLAB 程序完成），回波经滤波后平均信噪比统计如表 6.1 所列。

表 6.1　回波经滤波后平均信噪比统计

原始 SNR	2	2.5	3	3.5	4	4.5	5
滤波后平均 SNR	4.48	5.36	6.09	6.84	7.41	7.90	8.32

（2）目标检测概率。设定信噪比为 2～5 由目标信号模拟器随机发生回波，回波数字处理器加载时域数字信号处理算法进行 100 次的目标检测实验。

对于单次目标检测概率，可通过检查捕获后输出的距离数据加以统计。将 100 次实验统计的目标检测概率加以平均，即可得到设定信噪比下算法对目标的平均捕获时间。如图 6.10 所示，实验设定的目标距离为 49 500m、信噪比为 3、脉冲重复周期为 100ms。本次实验从捕获后的 400 个距离结果中未发现错误，其目标检测概率为 100%。

（3）目标捕获时间。对于目标捕获时间，考虑从单帧回波中检测到潜在目标后需要 3 帧以上的验证过程，只有各帧均发现到该位置存在目标，才判决目标检出，输出目标距离数据；否则，输出 FFFFF。

对 100 次实验结果加以统计，得到设定信噪比下的目标平均检测概率和目标平均捕获时间，如表 6.2 所列。

表 6.2　不同信噪比下时域数字滤波算法目标检测性能指标

原始 SNR	2	2.5	3	3.5	4	4.5	5
目标平均检测概率/%	95	97	99	99	100	100	100
目标平均捕获时间/s	0.4	0.4	0.3	0.3	0.3	0.3	0.3

（4）算法运行时间。时域数字滤波算法处理单帧数据的运行时间可通过回波数字处理器中的定时器进行统计。利用 C 语言编写 $N = M = 6$ 点的数字滤波算法,经编译后的代码运行单帧三脉冲 300×10^3 样本处理所需的时间为 16.83ms,可以满足脉冲重复频率最高为 50Hz 的目标实时检测要求。

（5）测距精度。目标距离精度可从检测实验输出的距离结果中统计最大值与最小值的误差得到,如图 6.12 所示目标距离的误差达到 4m。

3）算法仿真

仿真一:激光回波信号数字累加及滤波处理仿真($N = 6$ 点)。

图 6.10 给出了激光回波信号进行积累及数字滤波的仿真。采样频率为 200MHz,目标脉冲约为 50ns(考虑一定的目标展宽因素)。其中,图 6.10(a)、(b)、(c)是同一目标(位于 1000 点处)的连续三次激光照射回波仿真波形,信噪比分别为 2.2、1.8、3。图 6.10(d)为图 6.10(a)、(b)、(c)三脉冲回波累加后的波形。图 6.10(e)为对图 6.10(d)做 6 点差分滤波的波形。图 6.10(f)为对图 6.10(e)做 6 点平滑滤波的波形。图 6.10(f)中直线为以噪声均方根的 5 倍画

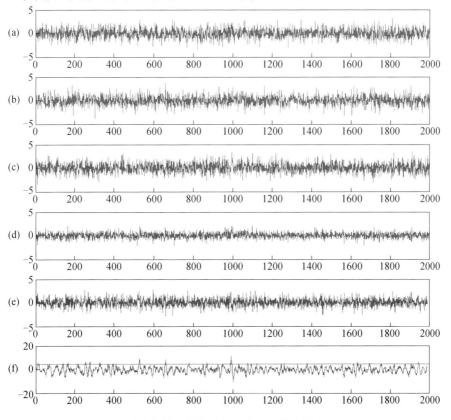

图 6.10　激光目标回波的时域处理

出的门限。三脉冲累加能使回波信噪比达到 4.4,而通过差分、平滑滤波信噪比又可改善到 5.5。这样,图 6.10(f)中 1000 点处的目标脉冲及部分噪声假目标已高于设定阈值。

上述采用的数字滤波方法,其差分及平滑的点数应与目标回波脉冲宽度相匹配。在平滑滤波点数与目标脉冲宽度相当时,滤波效果较好。

仿真二:$N = M$,为 6、10、14、18 点时的激光回波信号时域滤波。

图 6.11 给出了针对信噪比为 1.51 目标脉冲宽度 100ns 的回波信号分别采用 6、10、14 和 18 点平滑滤波的仿真。从图中可以看出,10 点平滑的信噪比改善效果最好,SNR = 3.79。同时可以看出,随着信噪比的下降,目标回波脉冲展宽明显增加,若仍采用与高信噪比相同不变的点数进行滤波,效果就会变差。

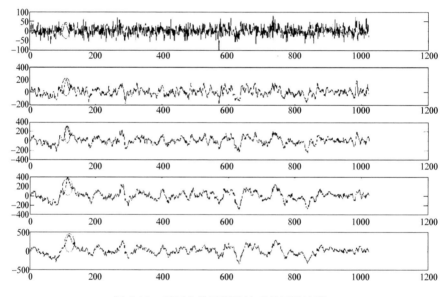

图 6.11　不同点数平滑滤波后的回波波形

6.2.2.2　基于小波分解低频系数重构的激光回波降噪算法

1)算法描述

小波变换(WT)是一种有着广泛应用的信号处理方法。小波变换的信号分解效果较许多方法有着显著的优点,尤其是对微弱信号、瞬态信号、非平稳信号、奇异信号的检测中显示出独特的优越性,应用在信号滤波、图像去噪、图像压缩、边缘检测、图像融合等领域。小波分析是一种具有多分辨分析特性的时频域分析方法,能够同时在时域和频域实现高分辨的局部定位。

给定一个基本函数 $\psi(t)$,令

$$\psi_{a,b}(t) = \frac{1}{\sqrt{a}}\psi\left(\frac{t-b}{a}\right) \tag{6.33}$$

式中:a、b 均为常数,且 $a > 0$。

$\Psi_{a,b}(t)$ 是基本函数 $\psi(t)$ 先移位再伸缩得到的。若 a、b 不断地变化,则可得到一族函数 $\Psi_{a,b}(t)$。给定平方可积的信号 $x(t)$,$x(t) \in L^2(R)$,$x(t)$ 的小波变换定义为

$$W T_x(a,b) = \frac{1}{\sqrt{a}}\int x(t)\,\psi^*\left(\frac{t-b}{a}\right)\mathrm{d}t = \int x(t)\,\psi_{a,b}^*(t)\mathrm{d}t = \langle x(t),\psi_{a,b}(t)\rangle \tag{6.34}$$

式中:a、b 和 t 均是连续变量。

式(6.33)称为连续小波变换(CWT)。信号 $x(t)$ 的小波变换 $WT_x(a,b)$ 是 a 和 b 的函数,b 为时移,a 为尺度因子。$\Psi(t)$ 又称为基本小波或母小波。$\Psi_{a,b}(t)$ 是母小波经移位和伸缩所产生的一族函数,称为小波基函数,简称小波基。式(6.33)的小波变换也可认为是信号 $x(t)$ 和一族小波基的内积。式中,时移 b 的作用是确定对 $x(t)$ 分析的时间位置,称为时间中心。尺度因子 a 的作用是把基本小波 $\Psi(t)$ 做伸缩,由 $\Psi(t)$ 变成 $\Psi(t/a)$。当 $a > 1$ 时,若 a 越大,则 $\Psi(t/a)$ 的时域支撑范围(时域宽度)较 $\Psi(t)$ 变得越大;反之,当 $a < 1$ 时,a 越小,则 $\Psi(t/a)$ 的宽度越窄。这样,a 和 b 联合起来确定了对 $x(t)$ 分析的中心位置及分析的时间宽度。

式(6.35)可看作用一族分析宽度不断变化的基函数对 $x(t)$ 做分析。这一特性正好适应了对信号分析时在不同频率范围需要不同的分辨率的基本要求。信号中的高频成分对应时域中的快速变化,如信号陡峭的前后沿、尖脉冲等。对这一类信号分析观察时要求时域分辨率高,以适应时域的快速变化,对频域的分辨率要求则可以放宽。这时,时频分析窗应处在高频端的位置。与此相反,低频信号是信号中的缓慢变化成分,对这类信号的分析希望频率的分辨率高,而时间的分辨率可以放宽,同时分析的中心频率也应移到低频处。小波变换能够满足这些信号分析的客观实际需要。因此,利用较小的尺度因子 a 对信号做高频分析,实际上是用高频小波对信号做细致观察。而较大的尺度 a 对信号做低频分析,是用低频小波对信号做概貌的观察。当 a 从小逐渐大时,时频分辨率会发生相应的变化,这种特性称为小波的"变焦"特性或多分辨率分析。由测不准原理可知,无论 a 如何变化,时频分析窗口面积是保持不变的。时域分辨率的增加,必然导致频域分辨率的减小;反之亦然。

Mallat 将计算机视觉领域内的多分辨分析思想引入小波分析中,得到一种快速实现小波分析的算法——Mallat 算法。算法采用正交镜像滤波器组实现对离散序列的小波分解及重构。图 6.12 和图 6.13 给出了小波分解与重构过程的

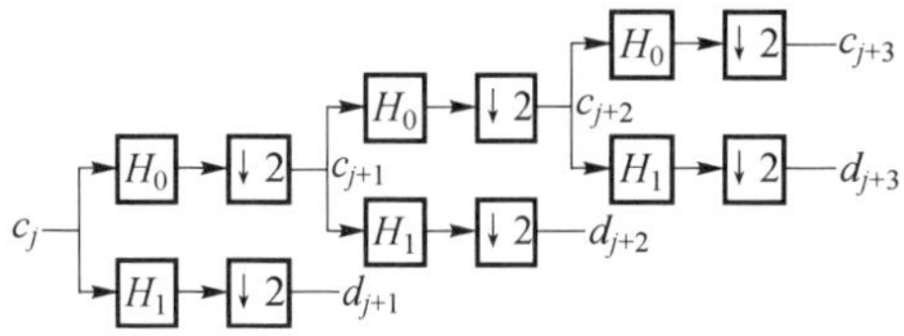

图 6.12　离散序列的小波分解过程 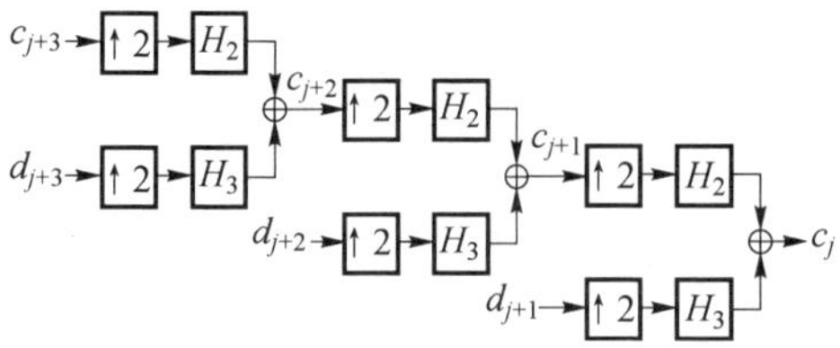　　　图 6.13　离散序列的小波重构过程

框图。其中 H_0 和 H_2 是低通滤波器组，H_1 和 H_3 是高通滤波器组，它们的输出分布对应离散信号的低频轮廓和高频细节。

激光回波信号主要集中于低频范围，在高频信息中难以提取到有用信息。小波分解后的高频信息基本都是噪声，因此对回波信号进行小波分解后的高频信息可做全部舍去处理，仅留下低频信息进行重构。由于原始信号的频带分为低频和高频两部分，所以滤波后输出序列的带宽只有原始信号的一半。由带限信号的采样定理知，将采样率降低一半而不丢失任何信息。这样，通过 2 倍抽取可使总的输出序列长度保持一致。

基于小波分解低频信息重构的算法中，小波基的选择以及分解级数都会对信噪比的改善有较大影响。目前，已提出的小波函数可以粗略地分为三类：第一类是"经典小波"，在 MATLAB 中称作"原始小波"，这是一批在小波发展历史上比较有名的小波，常见的有 Haar 小波、Morlet 小波、Mexican hat 小波、Gaussian 小波等；第二类是 Daubecheis 构造的正交小波，常见的有 Db 小波、对称小波、Coiflets 小波和 Meyer 小波；第三类是由 Cohen、Daubechies 构造的双正交小波。

基于小波分解低频信息重构降噪算法仿真实现步骤如下：

（1）依照激光目标模型，按一定信噪比随机发生激光目标回波信号，其中噪声为零均值高斯白噪声（暂不考虑激光电源干扰）。

（2）基于选择的小波基函数进行小波分解，得到各级低、高频小波系数。

（3）将高频小波系数置 0。

（4）基于选择的小波基函数进行小波重构，得到滤波后激光回波信号。

（5）计算滤波后回波信号的信噪比。

（6）更改小波基，重复上述实验过程。

（7）在上述实验基础上，更改小波分解级数，统计信噪比改善的实验数据，可对比得到滤波效果最好的小波基及对应分解级数。

2）算法性能分析

基于小波分解低频信息重构的算法首先需要选择恰当的小波基函数。经过实验对比发现，Coif3 小波和 Db4 小波的降噪效果总体上好于其他典型小波。针对这两种滤波效果较好的小波基，还需在不同分解级别考察算法的滤波性能。

表 6.3 列出了 Coif3 小波和 Db4 小波在不同分解级别，对应 1000 次小波滤

波后的信噪比统计平均数值。实验表明:总体上 Coif3 在 3 级分解层次上的滤波性能最好,Db4 小波在 4 级分解层次上的降噪性能也较好。

表6.3　不同分解级别小波基滤波的信噪比改善对比

	SNR	Coif3 – L4	Coif3 – L3	Coif3 – L2	Db4 – L5	Db4 – L4	Db4 – L3	Filter
1	1.99	4.68	4.90	3.53	3.60	4.62	3.83	4.48
2	3.00	6.21	6.77	5.13	4.69	6.12	5.29	6.17
3	4.03	7.20	8.25	6.52	5.38	7.14	6.43	7.40
4	5.08	7.87	9.32	7.72	5.82	7.81	7.30	8.32

选择 Coif3 – L3 和 Db4 – L4 小波,在多个不同信噪比下各进行 1000 次基于小波分解低频信息的重构滤波实验,统计其信噪比改善的状况。

表 6.4 给出了不同信噪比下利用小波降噪算法处理后的信噪比改善情况。表中给出了 1000 次随机发生信号的信噪比原始值、经折算的三脉冲累加前的信噪比,以及不同小波基滤波后的信噪比的统计均值。可以看出,原始信噪比为 1.3 的回波,经过三脉冲累加和小波降噪后信噪比可提高到约 5.5,再利用阈值比较和多帧校验即可检测出目标。

表6.4　不同信噪比下各小波滤波性能对比

	Coif3 – L3	Db4 – L4	Filter	SNR	SNR/$\sqrt{3}$
1	3.83	3.68	3.50	1.50	0.87
2	4.32	4.14	3.95	1.73	1.00
3	4.90	4.62	4.48	1.99	1.15
4	5.48	5.13	5.00	2.27	1.30
5	5.88	5.44	5.36	2.49	1.44
6	6.71	6.08	6.09	2.96	1.71
7	7.58	6.68	6.84	3.52	2.03
8	8.25	7.12	7.41	4.03	2.33
9	8.82	7.51	7.90	4.56	2.63
10	9.32	7.81	8.32	5.08	2.93

考虑到 Coif3 小波的滤波性能较好,且其分解层次只需 3 级,而 Db 4 小波在 4 级分解的降噪效果较好但运算量更大(需要多一级分解运算),因此选择 Coif 3 – L3 来实现小波降噪。

对于小波域降噪算法处理单帧数据的运行时间,仍然通过回波数字处理器中的定时器进行统计。其中,利用 C 语言编写的 Coif – L3 小波重构降噪算法,经编译后的代码运行单帧三脉冲 300×10^3 样本处理所需的时间为 82.6ms,利用汇编语言编写的代码运行时间为 46ms。因此,算法可以满足脉冲重复频率最高为 20Hz 的目标实时检测要求。

表 6.5 给出了不同信噪比下算法的平均检测概率和平均捕获时间。可以看出，小波重构低通滤波可以将激光目标最小可检测信噪比降低到 1.3。

表 6.5　不同信噪比下小波重构降噪算法的目标检测性能

原始 SNR	1.3	1.5	2	2.3	2.6	3
目标平均检测概率/%	89	95	100	100	100	100
目标平均捕获时间/s	0.6	0.4	0.3	0.3	0.3	0.3

3）算法仿真

在仿真实验中，首先对比了平滑滤波和几种正交、双正交小波基低频分解系数重构进行降噪的效果；然后，针对不同的小波基、小波分解级进行蒙特卡洛仿真实验，统计选择最佳小波基函数和分解级别。

仿真一：基于目标信号模型发生的单帧随机激光回波信号的信噪比为 1.98，目标脉冲波形位于 100～119 点处，峰值点位于 106 点处。图 6.14 中，从上至下依次仿真得到了 12 点平滑滤波，Coif3 对称小波、bior6.8 双正交小波、Db4 正交小波进行三级分解低频系数重构后的激光回波信号。对应滤波后的信

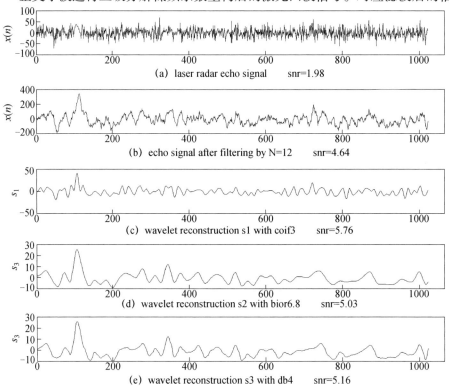

图 6.14　不同小波基重构滤波后的回波信号波形

噪比分别为 4.64、5.76、5.03 和 5.16。

仿真实验表明:运用 Coif3 小波所得到的低频信息对目标检测更有效。选择三级小波变换得到 C_3 尺度的低频信息,为三级小波重构的信号。可以看出,在原始信噪比 1.98 下,利用小波分解法就能很好地滤除噪声,再通过阈值比较即可检测出弱小目标的位置。

6.2.2.3　基于小波分解模极大值传播特性的激光回波降噪算法

1) 算法描述

(1) 模极大值。小波变换的基本思想是将原始信号通过伸缩和平移后,分解为一系列具有不同空间分辨率、不同频率特性和方向特性的子带信号。这些子带信号具有良好的时域、频域等局部特征。这些特征可用来表示原始信号的局部特性,进而实现信号时间、频率的局部化分析。故小波分析对信噪比较低的含噪信号有很好的检测性能。

设 $\theta(t)$ 为低通平滑函数,且有

$$\int_{-\infty}^{\infty} \theta(t)\,\mathrm{d}t = 1, \lim_{|t| \to \infty} \theta(t) = 0 \tag{6.35}$$

进一步假设 $\theta(t)$ 二次可导,并定义

$$\psi^{(1)}(t) = \frac{\mathrm{d}\theta(t)}{\mathrm{d}t} \tag{6.36}$$

显然,$\psi^{(1)}(t)$ 满足可允许性条件,是小波函数,对任意函数,有

$$r_a(t) = \frac{1}{a} r\left(\frac{t}{a}\right)(a > 0) \tag{6.37}$$

因此,式(6.37)可化为

$$\psi_a^{(1)}(t) = \frac{1}{a} \psi^{(1)}\left(\frac{t}{a}\right)(a > 0) \tag{6.38}$$

定义信号 $x(t)$ 的小波变换为

$$W_a^{(1)} x(t) = x * \psi_a^{(1)}(t) = \frac{1}{a} \int_{-\infty}^{\infty} x(\tau) \psi^{(1)}\left(\frac{t-\tau}{a}\right)\mathrm{d}\tau \tag{6.39}$$

若某点小波系数 $W_a^{(1)} x(n)$ 的模值大于或等于其相邻的两个值,并且严格大于其中的一个,则该点的小波系数值称为模极大值。

将式(6.38)代入式(6.39),可得

$$W_a^{(1)} x(n) = x * \left(a \frac{\mathrm{d}\theta}{\mathrm{d}t}\right)(t) = a \frac{\mathrm{d}}{\mathrm{d}t}(x * \theta)(t) \tag{6.40}$$

上式尺度 a 的大小决定了平滑函数 $\theta(t)$ 的平滑作用的大小,从而小波变换可以得到信号不同尺度上的奇异点(突变点)信息。具体地说,信号的突变点与 $W_a^{(1)} x(n)$ 的模极大值点相对应。

（2）信号与噪声小波域各尺度上不同的传播特性。信号的奇异点是指信号的突变点。目标的脉冲激光回波信号的起伏具有"突变"特点。设 $u(x) \in L^2(R)$ 为激光回波信号，若 $u(x)$ 在 x_0 处有

$$x_0 |u(x) - u(x_0)| = K |x - x_0|^a \qquad (6.41)$$

式中：K 为常数。

信号在 x_0 处的奇异性为 a，a 为奇异性指数（Lipschitz 指数）。a 越大，信号在 x_0 点的光滑度越高；a 越小，x_0 点的奇异性越大。白噪声，$a < 0$；脉冲信号，$a = -1$；一般信号，$a \geqslant 0$。

在尺度 j 时，若 $\forall x \in \delta_{x_0}$，则有

$$|W_{2^j} u(x_0)| \geqslant |W_{2^j} u(x)| \qquad (6.42)$$

称小波系数在点 x_0 具有局部模极大值。Mallat 证明了信号的奇异性和不同尺度上小波变换的模极大值有着密切的关系：

$$\log_2 |W_{2^j} u(x)| \leqslant \log_2 K + j^a \qquad (6.43)$$

由式（6.43）可以看出：对信号 $a \geqslant 0$，其模极大值随尺度增加而增加；对噪声 $a < 0$，其模极大值随尺度增加而减少。它较好地保留了信号边缘和突变点特征。由上面的分析可以看出，信号与噪声在小波变换各尺度上的模极大值具有相反的传播特性，这为基于小波变换去噪提供了重要依据。通过利用不同尺度上的小波变换模极大值的渐变规律，可实现信号与噪声的分离，实现小波降噪。

算法具体实现步骤如下：

（1）对含噪低频信号继续离散二进小波变换，这里选取尺度数为 3 或 4。

（2）求出每个尺度上小波变换系数对应的模极大值点。

（3）在相对的高频部分，仅保留与突变位置相对应的模极大值点，其他小波变换值置为零；在相对的低频部分，保留突变点及其附近的小波变换模极大值点，其他小波变换值置为零。

（4）根据保留下来的模极大值及其极值的位置，重构小波系数，然后利用重构的小波系数进行二进制小波逆变换，得到降噪信号。

2）算法仿真与分析

仿真一：原始信噪比为 1.1 的激光回波信号，目标脉冲处于 100～120 点处。经过 Coif3 小波三级变换后，利用低频小波系数 C_3 和数值均为 0 的三级高频小波系数重构得到波形 S_2，如图 6.15 所示。滤波后的信噪比得到较大提高，经计算为 4.26，但并不是很理想。

图 6.16 给出了模极大值降噪的每个尺度上小波变换系数对应的模极大值点。可以看出，$j = 3$ 尺度上信噪比获得了提高，SNR = 5.51。需要指出的是，若继续进行分解，在尺度 $j = 4$ 上，信噪比相对 $j = 3$ 尺度又有所降低，SNR = 4.90。

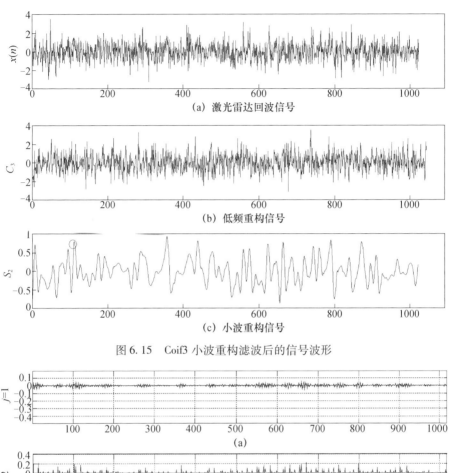

图 6.15　Coif3 小波重构滤波后的信号波形

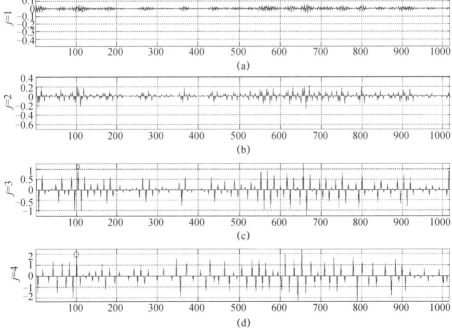

图 6.16　不同尺度上的模极大值序列

仿真二:图 6.17 给出了模极大值滤波的波形。原始信噪比为 1.1、数据长度为 2000 点的激光回波信号,目标脉冲处于 1000~1020 点处。经过 Coif3 小波三级变换后,利用低频小波系数 C_3 和数值均为 0 的三级高频小波系数重构得到波形 S_2,SNR = 4.43。再经过分解级数为 3、迭代 10 次、Coif3 小波函数的模极大值降噪后的信噪比得到一定程度的提高,SNR = 5.89。因此,提出的算法具有较好的降低噪声的效果。

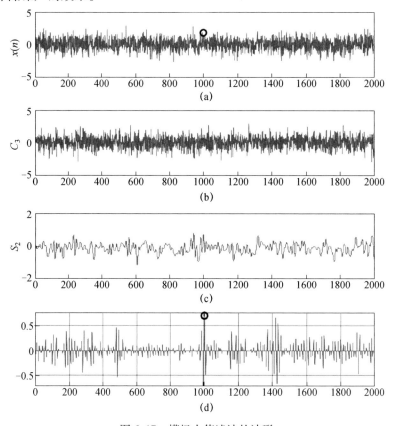

图 6.17　模极大值滤波的波形

根据脉冲激光雷达回波信号的小波域传播特性及频域分布特征,提出的利用小波分解和模极大值相结合降噪方法,较好地保留了信号的特征,增大了输出信噪比,易于激光回波信号中弱目标的检出。但是该算法的运算复杂度较小波分解低频系数重构要大。另外,由于分解尺度并非针对所有回波都是特定某一级为最佳,往往需要搜索,这也增加了算法的复杂性。而且,在多次仿真中也发现,多级模极大值的处理会造成目标脉冲峰值点所在位置发生一定点数的偏移(通常超前时移 5~10 个点)。这对于输出目标距离的精度会有一定影响。这些算法的不足还需要进一步优化。

6.2.3　目标检测与跟踪

由于激光目标回波的"闪烁"特性,每帧回波的信噪比并不一样,存在一定的波动。当前回波中检测出的最大值点并非就是真实目标。而且,由于激光雷达随动系统的误差,有时由于目标飞机的机动可能在当前甚至连续几帧回波中没有照射到目标,也就没有目标回波。这样,如果简单地将当前峰值点的距离数据输出作为检测结果,将带来较大的虚警。为了解决这一问题,获得较高的目标检测概率,可以基于目标特征的相关性进行多帧校验的方法对真假目标加以甄别。由于噪声假目标点每次所在位置都可能不同,而回波中真实目标每次出现的位置总是在一个确定的范围内。因此,通过对多帧回波的潜在目标进行目标相关检测,可以避免目标的误判。

目标检测及跟踪的流程如下:

(1)门限划定。把回波数据依次与阈值比较,所有回波数据中大于阈值的个数超过 20 时,阈值增加,重新进行比较,直至所有回波数据中大于阈值的个数 2 ~ 20 时,把这些大于阈值的数据的位置存入潜在目标数组中;如果所有回波数据中大于阈值的个数小于 2 时,则认为这一帧数据中没有目标。

(2)潜在目标链。通过门限检测后,当连续几点都超过门限时,说明是同一个潜在目标,取其中心点为该目标的位置,而取强度最大的点的强度值为该目标的强度值。对检测到的所有潜在目标进行标记,记下其强度值、位置值、置信度等特征参数,这样就构成了一个潜在目标链。

(3)相关检测。新的目标链形成后,当前帧的目标信息和上一帧(历史记录)的目标信息进行强度、位置和速度等特征进行相关,在检测阶段主要根据位置和速度进行位置相关,同时考虑到信号的闪烁特点,也考虑强度信息,当信号很强时置信度为 2,否则,置信度为 1。当新目标和旧目标相匹配时,匹配成功,目标置信度根据当前目标的置信度增加 1 或 2。当目标的置信度达到一定值时,这个目标是可信的,即可确定为真正的目标。根据这种算法,对于强目标,相关次数少,很快能捕获目标;对于弱目标,相关次数多,可准确地捕获目标。

目标相关检测本质上是一个信噪比积累的过程,实际应用中可将最小可检测信噪比降低 45% ~ 63%。通常,目标回波经滤波处理后信噪比达到 5.4 左右,就可通过相关检测多帧校验的过程直接检出真实目标。

(4)目标链更新。由于目标在不断运动,背景也在不断变化,噪声点也会由于其随机性在一段时间内经常超过强度门限而成为潜在目标,这就需要对每个区域的记录不断更新。记录匹配成功的目标,用新区域参数代替原有的目标记录。若目标未匹配成功,则从目标链中剔除。对于新出现的区域(不能与目标链中的任一记录相匹配),则在目标链中建立新的记录。当目标链中某一潜在目标的置信度到达要求时,则捕获目标,进入跟踪阶段。

(5)目标跟踪。目标捕获后,目标的位置信息和速度信息都是已知的,进入跟踪阶段。在跟踪阶段,为消除目标以外其他区域对跟踪的影响,一般采用跟踪窗的办法,将目标附近的区域用窗口套住,所有计算都在窗口内进行。这样不仅减小了运算量,而且跟踪稳定,不容易丢失目标。在跟踪阶段,本书对目标的选取和目标的丢失提出了一些原则,实验证明,这些原则保证了系统的稳定跟踪。

(6)目标选取。在跟踪阶段,为了稳定跟踪目标,跟踪门限一般比检测门限低,在跟踪窗中往往会出现多个目标,并且按照一定的相关度有多个目标与真正的目标匹配,这时依据什么原则选取目标至关重要。首先选取"强度优先"原则,其次是"位置最近"原则。强度信息是最重要的信息,在跟踪窗内如果有强信号,则认为强信号为目标;当有多个强信号时,则根据"位置最近"原则选取,即与预测目标位置最近的目标为真正的目标。当跟踪窗内无强信号时,按照位置相关原则进行匹配。位置相关主要根据目标上一帧的位置和目标速度预测目标在当前帧的位置,用预测的位置与当前帧的跟踪窗中潜在目标的实际位置比较,当相关度在一定范围内时,目标匹配成功,即保持跟踪状态,若有多个潜在目标与真正目标匹配,按"位置最近"原则选取。

(7)速度平滑。跟踪阶段,为了准确地预测目标位置,考虑目标速度的不稳定特性,对目标速度进行滤波。

(8)目标丢失再捕获。目标丢失依据置信度进行取舍。在跟踪过程中如果匹配不成功,不能立即丢失目标,要进行记忆,根据速度预测下一帧位置,继续进行匹配。当不成功次数达到一定数目时,则认为目标丢失。本书设定捕获目标后置信度赋值为20,跟踪成功一次置信度加1,最大增至25,匹配不成功减1,置信度降到17,则认为目标丢失,转入捕获目标阶段重新捕获目标。

6.2.4 三脉冲累加

激光雷达的单脉冲重复频率为10Hz,脉冲重复周期为100ms。对于2.5倍声速的目标,在100ms内可以运动85m。而200MHz的采样率的距离分辨率为0.75m。所以,此目标在两个激光回波间隔运动可以达到114个采样间隔。由于激光脉冲的宽度为16~20ns,采样点6~8个,因此重复频率为10Hz的单脉冲回波信号无法进行信号的积累。

将重复频率10Hz的单脉冲激光器每次连续发射三个激光脉冲(3.3kHz),时间间隔为300μs。对于运动速度为2.5倍声速的目标,300μs可以移动0.255m,而200MHz的采样率的距离分辨率为0.75m,目标的移动距离约0.34个采样间隔。因此,对于激光测距机连续发出的激光脉冲回波信号可以进行信号积累,三次信号积累后的信噪比可以提高1.732倍。

6.2.5　激光雷达三脉冲回波信号分析

图 6.18 是激光雷达的典型三脉冲累加回波信号(放大)。其中,信号由 200MHz 的 A/D 采样所得。由图 6.18 看出,目标的回波信号具有下冲的特点,据此可以对信号进行差分滤波处理,提高信噪比。图 6.19 是噪声的幅频特性,取 1000 点做 FFT。由图 6.19 看出,噪声功率在 0~75MHz 频率范围内,而且主要集中在 0~50MHz 频率范围内,所以噪声为色噪声。同时,由图 6.21 看出,信号的脉宽约为 20ns,带宽为 25MHz,小于噪声的带宽。据此,可以对信号进行平滑滤波。

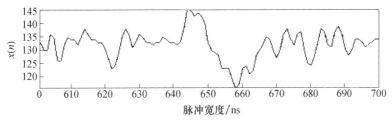

图 6.18　目标的回波信号

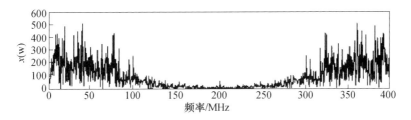

图 6.19　噪声的幅频特性

6.2.6　信号预处理

信号预处理主要是对信号进行差分滤波和平滑滤波,提高信噪比。

根据目标回波信号有很强的下冲特点,采用隔点差分对信号进行滤波。目标回波下冲点与信号最大点的间隔基本固定。采用隔 m 点差分,则滤波器的滤波公式为

$$y(n) = x(n) - x(n+m) \qquad (6.44)$$

式中:$x(n)$ 为滤波器的输入信号;$y(n)$ 为滤波器的输出信号。

采用隔点差分对信号进行滤波后,再对信号进行平滑滤波处理,进一步提高信噪比。平滑滤波可以提高目标回波的信噪比。由上述分析可知,激光雷达的噪声不是白噪声而是色噪声,所以难以做到严格的匹配滤波。但是,由于回波信号与噪声的带宽范围不同,因此进行平滑滤波同样可以提高信噪比。平滑滤波

按如下公式进行:

$$y(n) = (1/N) \sum_{i=0}^{N-1} x(n+i) \tag{6.45}$$

式中:$x(n)$为滤波器的输入信号;$y(n)$滤波器的输出信号。

经过差分滤波和平滑滤波后,信噪比有明显提高,如图6.20~图6.22所示。原始信号的信噪比为4.35,经过差分滤波和平滑滤波后信噪比为7.9。

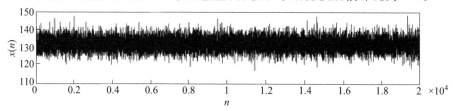

图6.20　滤波前的信号(信号大小为15,噪声方差为3.45,信噪比为4.35)

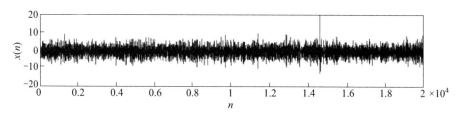

图6.21　差分滤波后的信号(信号大小为27,噪声方差为4.78,信噪比为5.65)

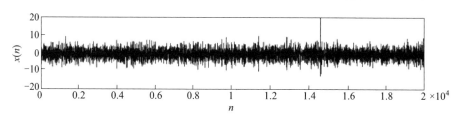

图6.22　差分滤波后的信号(信号大小为20,噪声方差为2.53,信噪比为7.9)

6.2.7　恒虚警检测

对信号进行滤波后,要进行目标恒虚警检测。由于背景噪声的强度是随着外界环境变换的,为了让信号处理机保持恒定的虚警概率,需要使信号检测门限根据噪声电平自动调节。由于同一帧数据中,噪声直流电平和噪声功率几乎不发生变化,所以在一帧数据中抽取连续一段数据(6000点)进行统计噪声的方差σ,然后根据噪声设定门限,即

$$Th = K\sigma \tag{6.46}$$

由于经过差分后,直流电平基本上变为0,所以只需统计方差。

考虑软件处理容量问题,为了不使目标链饱和,门限系数是变化的,当目标链中潜在目标多时,系数增大,门限升高;反之,系数减小,门限降低。图 6.23 是对图 6.22 中的信号进行恒虚警检测后的结果,其中强度最大的是真正的目标,其余的为虚假目标。通过相关检测可以剔出虚假的目标。

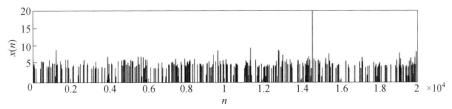

图 6.23 检测出的目标

6.2.8 相关检测

数字激光雷达可以根据目标的相关性进行多帧相关检测。在单脉冲回波信号检测时,为了获得足够的检测概率,需要降低阈值。这时,虚警概率会上升。然而,真实的目标回波之间存在相关性,如目标速度、回波的强度、距离等。对于真实的目标,每一次都应该被检测到。而噪声产生的虚假目标,则不会是这样。所以,通过多帧相关检测,连续多次对目标观测,可以剔除虚假目标,而保留真实目标。目标匹配是根据当前帧新目标链中预选目标的特征参数与旧目标链中存储的上一帧检测到的各潜在目标参数进行比较的过程。主要是进行位置匹配。设 X_{k-1} 为目标链中某一潜在目标 P_{k-1} 在第 $k-1$ 帧时的位置,X_k 为当前帧(第 k 帧)某一潜在目标 P_k 的位置,若满足下式,则认为 P_{k-1} 和 P_k 相匹配

$$X_k \in \{X_{k-1} + V - N, X_{k-1} + V + N\} \tag{6.47}$$

式中:N 为相关度;V 为帧目标间位移,对其进行了滤波处理。当没有旧目标链时,无速度信息,则 $V = 0$,N 取值比较大,为目标的最大速度,即帧目标间最大位移。

如果某一个潜在目标在 n 个激光脉冲回波信号中被检测并匹配 M 次以上,则判定该潜在目标为真实目标;否则,继续进行匹配相关处理。

通过相关的检测,可以使系统的最小可检测信噪比降低 40%。从理论角度看,多帧相关检测根据目标的相关性进行目标与虚警的筛选,只要相关次数足够大,时间足够长,在低门限下,弱小的目标都能被检测出来。但是,相关次数多,捕获目标所需的时间比较长,影响系统对运动目标的迎头截获能力;同时,门限低,虚警个数比较多,往往超过信号系统的处理能力,实现比较困难。算法流程如图 6.24 所示。

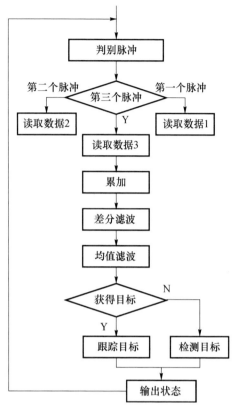

图 6.24　算法流程

6.2.9　基于小波分析的激光雷达弱信号检测

　　研究低信噪比的目标检测算法,其核心是提高信号的信噪比。提高信噪比的根本方法是信号滤波,结合激光雷达数字信号处理的特点,研究了脉冲积累算法、高阶累计量算法以及准匹配滤波算法。这些方法都是基于统计信号的思想,从信号的时域出发,研究激光雷达信号的滤波技术,对激光雷达信号的目标检测、识别和跟踪起到重要作用。

　　本节从信号频域的角度,研究激光雷达目标信号与噪声的不同特征,运用小波分析方法对激光回波信号进行滤波,提高信噪比。激光雷达噪声的带宽比激光目标回波信号的带宽宽,据此,利用小波变换对激光回波数据进行分解,舍去高频信息,得到低频信息,从而实现信号滤波的目的,信噪比得以提高。这是本节创新点之一,即基于小波域低频信息的激光雷达弱信号检测算法。本节创新点之二是基于小波域相关系数的激光雷达弱信号检测算法,利用信号的小波系数在不同尺度间具有相关性这一特点进行激光弱信号的检测。

6.2.9.1　从傅里叶变换到小波变换

小波分析是在傅里叶分析的基础上发展起来的,小波分析比傅里叶分析有着许多本质性的进步。傅里叶变化在信号处理领域中的突出贡献是把时间域与频域联系起来,用信号的频谱特性去分析时域内难以看清的问题;但它无法分析时域信号的局部频率信息,不具备时域局部化的能力。短时傅里叶变换解决了时频局部化的问题,但在时间频率分析的精细程度、自适应方面存在着固有的缺陷。小波分析提供了一种自适应的时域和频域同时局部化的分析方法,无论分析低频或高频局部信号都能自动调节时 – 频窗,以适应实际分析的需要。

傅里叶变换定义如下

正变换
$$F(w) = \int_{-\infty}^{\infty} f(t) \mathrm{e}^{-\mathrm{j}\omega t} \tag{6.48}$$

反变换
$$f(t) = \frac{1}{2\pi} \int_{-\infty}^{\infty} F(\omega) \mathrm{e}^{\mathrm{j}\omega t} \mathrm{d}w \tag{6.49}$$

对于确定信号和平稳随机信号,傅里叶变换是信号分析和信号处理技术的理论基础,它把时间域和频率域联系起来,通过研究 $F(w)$ 来研究 $f(t)$,使许多在时域内难以解决的问题在频域中得以解决。但是,$F(w)$ 和 $f(t)$ 之间是整体刻画,不能够反映各自在局部区域上的特征,不能用于局部分析。由于变换积分核 $\mathrm{e}^{\pm\mathrm{j}\omega t}$ 的幅值在任何情况下均为 1,因此,频谱 $F(w)$ 在任一频率处的状态是由时间过程 $f(t)$ 在整个时间域($-\infty$,$+\infty$)上的贡献决定的;反之,过程在某一时刻状态也是由在整个频率域($-\infty$,$+\infty$)上的贡献决定的。因此,傅里叶变换不能够观察信号在某一时间段内的频域信息。另外,在信号处理,尤其是非平稳信号如音乐、地震、雷达回波等处理过程中,需要知道信号的局部频率以及该频率发生的时间,此时,傅里叶变换无能为力。为了克服傅里叶分析的局限性,Dennis Gabor 提出了短时傅里叶变换(STFT)。

短时傅里叶变换的基本思想:把信号划分成许多小的间隔,用傅里叶变换分析每个时间间隔,以便确定该时间间隔存在的频率。短时傅里叶变换通过对信号在时域上加一个窗函数 $g(t-\tau)$,使其对信号 $f(t)$ 进行乘积运算以实现在 τ 附近的开窗和平移,再对加窗的信号进行傅里叶分析,所以短时傅里叶变换又称为加窗傅里叶变换。其公式如下:

$$S_{\mathrm{f}}(w,\tau) = \int_{-\infty}^{\infty} f(t) g(t-\tau) \mathrm{e}^{-\mathrm{j}\omega t} \mathrm{d}t \tag{6.50}$$

其中,窗函数 $g(t)$ 一般取为光滑的低通函数,保证 $g(t-\tau)$ 只在 τ 附近非零,而在其余处迅速衰减掉。这样,短时傅里叶变换就在 τ 附近测量了频域分量 ω 的幅度值,得到信号在 τ 时刻的频率信息。当选取的窗函数在时域和频域具有良好的局部性质时,短时傅里叶变换能够同时在频域和时域提取信号的精确信息。但是它也存在着固有的局限,一旦窗函数 $g(t)$ 选定,其时频分辨率也就确定了。并且时频分辨率满足 Heisenberg 测不准原理,即

$$\Delta f \times \Delta t \geqslant \frac{1}{4\pi} \tag{6.51}$$

由上式可以看出,时间和频率分辨率不可能同时提高,任一分辨率的提高都意味着另一方分辨率的降低。这表明,短时傅里叶变换的缺陷在于使用了固定的窗口,缺乏自适应性。在实际时变信号的分析时,常需要一个灵活可变的时间 – 频率窗,能够在高"中心频率"时自动变窄,而在"低中心频率"时自动变宽,小波则是为此设计的。

设 $f(t)$ 是平方可积函数,$f(t) \in L^2(R)$,$\psi(t)$ 是母小波函数,如果 $\psi(t)$ 满足容许性条件:

$$\int_{-\infty}^{\infty} \frac{\mid \Psi(w) \mid^1}{\mid w \mid} < \infty$$

式中:$\Psi(w)$ 为 $\psi(t)$ 的傅里叶变换。

则 $f(t)$ 的连续小波变换定义为

$$Wf(a,b) = <f, \psi_{a,b}(t)> = \int_{-\infty}^{\infty} \frac{1}{\sqrt{a}} \psi^* \left(\frac{t-b}{a} \right) \mathrm{d}t \tag{6.52}$$

式中:$\psi_{a,b}(t)$ 是由母小波通过伸缩和平移得到的函数簇,且有

$$\psi_{a,b}(t) = \frac{1}{\sqrt{a}} \psi \left(\frac{t-b}{a} \right) (a > 0, b \in R) \tag{6.53}$$

其中:a 为尺度因子;b 为位移因子。

小波变换与傅里叶变换和短时傅里叶变换相比具有以下优点:

(1) 小波变换将一维时域函数映射到二维"时间 – 尺度"域上,既有时域信息也有频域信息。

(2) 小波变换的实质是将函数 $f(t)$ 表示成在 $\psi_{a,b}(t)$ 的不同伸缩和平移因子上的投影的叠加。$f(t)$ 在小波基上的展开具有多分辨的特性。通过尺度因子和平移因子,可以得到具有不同时频宽度的小波以匹配原始信号的不同位置,从而满足对信号的局部分析要求。具体讲,$Wf(a,b)$ 反映两方面特性:一方面,它仅反映了 $t = b$ 附近的 $f(t)$ 性质;另一方面具有抽取 $f(t)$ 在 $t = b$ 附近的某一频率成分,a 越大,$\psi(t/a)$ 越宽,时域分辨率越低;反之,a 越小,$\psi(t/a)$ 越窄,时域分辨率越高。

(3) 测不准原理表明,不可能在时域和频域都获得任意的观察精度,要使频域分辨率提高,必然牺牲时域分辨率。小波变换可以根据分析的需要,协调这对矛盾,它在低频区看到更多的频率细节,在高频区看到更多的时间细节,这是短时傅里叶变换不能做到的。

6.2.9.2　多分辨率分析和 Mallat 算法

1）多分辨率分析

多分辨率分析简单地可理解为由粗及精地对事物的分析。多分辨率分析理论是由法国数学家 Meyer 和信号处理专家 Mallat 提出的。一个多分辨率分析是由一个嵌套的闭子空间序列组成，它们满足 $\cdots V_2 \subset V_1 \subset V_0 \subset V_{-1} \subset V_{-2} \cdots$ ，并且满足：

（1）一致单调性：$V_j \subset V_{j-1}$ ，对任意 $j \in \mathbf{Z}$ 。

（2）伸缩规则形：$f(t) \in V_j \Leftrightarrow f(2t) \in V_{j-1}$ 。

（3）平移不变性：$f(t) \in V_0 \Leftrightarrow f(t+n) \in V_0$ ，$n \in \mathbf{Z}$ 。

（4）逼近性：$\bigcap_{j \in Z} V_j = \{0\} \quad \bigcup_{j \in Z} V_j = L^2(R)$ 。

（5）存在一个 $\varphi(t)$ 基使得 $\{\varphi(t-n), n \in \mathbf{Z}\}$ 是 V_0 的标准正交基，由于由 Riesz 基可以构造出一组正交基，所以此条件也可放宽为 Riesz 基的存在性。

若 $\{\phi(t-n), n \in \mathbf{Z}\}$ 为空间 V_0 的标准正交基，则 $\{\phi_{j,n} = 2^{\frac{j}{2}}\phi(2^{-j}t-n), n \in \mathbf{Z}\}$，称 $\phi(t)$ 为多分辨率分析的尺度函数，V_j 为尺度上的尺度空间。由多分辨率分析的定义知，所有的闭子空间 $\{V_j\}_{j \in \mathbf{Z}}$ 都是由同一函数 $\phi(t)$ 伸缩后的平移系列张成的尺度空间。

记 $V_{j-1} = V_j \oplus W_j$ ，$W_j \perp V_j$ ，显然，任意子空间 W_n 和 $W_m(m \neq n)$ 是相互正交的，并且，$\oplus W_j = L^2(R)$ ，因此，$\{W_j\}_{j \in \mathbf{Z}}$ 是 $L^2(R)$ 的一系列正交子空间。若设 $\{\psi_{0,k} \mid k \in \mathbf{Z}\}$ 是空间 W_0 的标准正交基，那么对于任意尺度 j ，$\{\psi_{j,k} = 2^{\frac{j}{2}}\psi(2^{-j}t-k)\}$ ，$k \in \mathbf{Z}$ 必为空间 W_j 的标准正交基。

ψ 为小波函数，W_j 为 j 尺度的小波空间。小波空间是两个相邻尺度空间的差，它包含了相邻尺度空间的细节差别。

由以上分析可知，多分辨分析的核心是尺度空间和小波空间的标准正交基，而要找到这两组标准正交基，关键是找到合适的尺度函数 $\phi(t)$ 和小波函数 $\psi(t)$ 。

由多分辨的概念可知，$\phi(t)$ 、$\psi(t)$ 分别为尺度空间 V_0 和标准正交基 W_0 ，又 $V_0 \subset V_{-1}$ ，$W_0 \subset V_{-1}$ ，所以 $\phi(t)$ 、$\psi(t)$ 也属于 V_{-1} 。因此，$\phi(t)$ 、$\psi(t)$ 可以用 V_{-1} 空间的正交基 $\phi_{-1,n}(t)$ 线性展开：

$$\phi(t) = \sum_n h(n)\phi_{-1,n}(t) = \sqrt{2}\sum_n h(n)\phi(2t-n) \tag{6.54}$$

$$\psi(t) = \sum_n g(n)\phi_{-1,n}(t) = \sqrt{2}\sum_n g(n)\phi(2t-n) \tag{6.55}$$

式(6.68)和式(6.69)称为二尺度方程。其中系数是线性组合的权重，即

$$h(n) = <\phi, \phi_{-1,n}> \quad g(n) = <\psi, \phi_{-1,n}> \tag{6.56}$$

$h(n)$、$g(n)$ 是由尺度函数和小波函数决定的,与具体尺度无关,它们描述了二尺度空间函数之间的内在联系,并且唯一对应于 $\phi(t)$、$\psi(t)$,$h(n)$、$g(n)$ 又称为滤波器系数。

2)Mallat 算法

在多分辨率分析的理论框架下,Mallat 设计了基于滤波器组的正交小波分解和重构算法——Mallat 算法,定义

$$V_{j-1} = \overline{\operatorname*{span}_{k}\{2^{(-j+1)/2}\phi(2^{-j+1}t-k)\}} \tag{6.57}$$

任意 $f(t) \in V_{j-1}$ 在 V_{j-1} 空间的展开式为

$$f(t) = \sum_k c_{j-1,k} 2^{(-j+1)/2}\phi(2^{-j+1}t-k) \tag{6.58}$$

将 $f(t)$ 分解一次(分别投影到 V_j,W_j 空间),则有

$$f(t) = \sum_\delta c_{j,k} 2^{-j/2}\phi(2^{-j}t-k) + \sum_k d_{j,k} 2^{-j/2}\psi(2^{-j}t-k) \tag{6.59}$$

此时,$c_{j,k}$、$d_{j,k}$ 上的为尺度 j 展开系数,且有

$$c_{j,k} = <f(t),\phi_{j,k}(t)>f(t), d_{j,k} = <f(t),\psi_{j,k}(t)>f(t) \tag{6.60}$$

根据二尺度方程,可以证明下式成立:

$$c_{j,k} = \sum_m h(m-2k)c_{j-1,m}, d_{j,k} = \sum_m g(m-2k)c_{j-1,m} \tag{6.61}$$

将 V_j 空间尺度 $c_{j,k}$ 系数进一步分解,可分别得到 V_{j+1}、W_{j+1} 空间的尺度系数和小波系数:

$$c_{j+1,k} = \sum_m h(m-2k)c_{j,k}, d_{j+1,k} = \sum_m g(m-2k)c_{j,k} \tag{6.62}$$

同样,可以将尺度空间 V_{j+1} 继续分解。式(6.76)是小波的快速算法,称为 Mallat 算法。

实际中,遇到的信号多数是经采样系统得到的离散信号,离散序列的小波分解如图 6.25 所示。

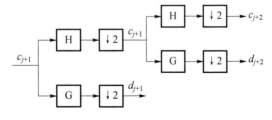

图 6.25 离散序列的小波分解

图中 H、G 分别为 $h(n)$、$g(n)$ 对应的滤波器。H 具有低通特性,G 具有高通特性,因此它们的输出分别对应离散信号的低频轮廓和高频细节。由于原始信号的频带分为低频和高频两部分,所以滤波后输出序列的带宽只有原始信号的一半。由带限信号的采样定理可知,将采样率降低一半而不丢失任何信息,因

此,此处可以进行 2 抽取,使总的输出序列长度与输入序列长度保持一致。

小波重构是小波分解的逆过程,如图 6.26 所示,其中,当选用正交小波时,$H_1 = H, G_1 = G$。

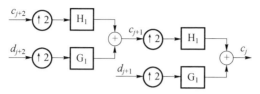

图 6.26　离散序列的小波重构

6.2.9.3　基于小波域低频信息的激光雷达弱信号检测

小波变换相当于滤波器,小波滤波就是根据信号和噪声的小波系数在不同尺度上具有不同性质的机理,构造相应的规则,在小波域对小波系数进行处理(目的在于减小甚至完全剔除由噪声产生的系数,同时最大限度地保留真实信号的系数),最后经过小波重构得到真实信号的最优估计。根据式(6.66)可知,信号通过小波变换得到的小波系数是信号与小波函数的内积。根据相关函数可知,满足一定尺度和平移参数时,小波变化所得的系数最大。利用这一特点可以选择与信号形状相似的小波函数,对激光回波数据进行滤波,当目标的大小与小波的某个尺度相近时,通过平移参数,在目标出现的位置处将出现一个峰值,信噪比得以提高,从而实现弱目标难以检测的问题。

1)小波滤波器的选取

不同的小波基对信号的描述是不同的,一般希望选取的小波基同时具有如下的性质:

(1)对称性或反对称性;

(2)正交性;

(3)较短的支撑;

(4)较高的消失距。

然而,同时满足以上性质的小波基是不存在的。Haar 小波是所有正交紧支撑小波中唯一具有对称(反对称)性的小波,较短的支撑和较高的消失距是一对矛盾,所以只能根据具体情况选择合适的小波。根据激光回波信号的特点,选取Db4 小波进行分析。Db4 小波的尺度函数和小波函数如图 6.27 所示。

Db4 小波函数和尺度函数 Db4 小波在形状上与激光回波信号类似,这是选取小波的基本出发点。Db4 小波是具有二阶消失距的正交紧支撑小波,它不具有对称性。在图像的处理中,不具有对称性的小波容易使图像发生扭曲失真,在图像压缩或滤波中一般选取对称性的小波。对于激光信号,关心的是滤波后信

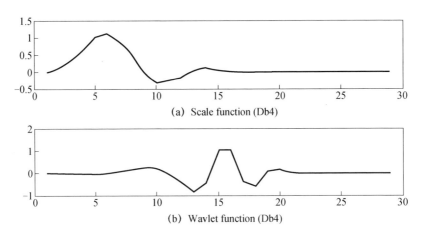

(a) Scale function (Db4)

(b) Wavlet function (Db4)

图 6.27　Db4 小波函数和尺度函数

噪比的大小,对称性要求可以放松。

2）小波滤波器阈值的选取

在小波阈值滤波中,阈值的选取直接影响滤波效果。目前,阈值确定的方法很多,主要有通用阈值法、极小化风险阈值法和多假设检验法等。

（1）通用阈值法。Donoho 和 Johnstone 在高斯模型下,应用多维独立正态变量决策理论得出的阈值 $t = \sigma \sqrt{2\ln N}$,其中,σ 为噪声标准差,N 为信号长度。通用阈值具有渐进的 Minimax 特性,然而由于侧重考虑滤波结果的平滑性,结果表现出较大的偏差。在软阈值法中应用该阈值进行滤波时,往往会平滑掉真实的信号。有人提出了自适应阈值 $t = c\sigma$,其中 c 可通过极小化均方差（MSE）函数来自适应地选取,以得到最优阈值。

（2）极小化风险阈值法。风险即均方差函数的期望,极小化风险阈值即 MSE 意义下的最优阈值。均方差函数描述了滤波结果与真实信号在均方差意义下的偏离程度。由于实际应用中,真实信号是未知的,所以需要对 MSE 函数进行估计。常用的方法主要有 SURE、交叉验证（CV）和广义交叉验证（GCV）算法等。其中 GCV 算法,是以 SURE 算法为基础的,其性能优于 CV 算法。GCV 算法是有偏的,其偏差为 σ,但其得到的最优阈值是无偏的,且不需要估计噪声方差,因此 GCV 算法得到了广泛应用。

（3）多假设检验法。阈值处理可以看作一个多假设检验过程。Abramovich 和 Benjamini 引入了错判率（FDR）的概念,错判率是指经过阈值化处理后,错误的非零系数个数与所保留的非零系数总数比值的期望。在满足给定的 FDR 上界的前提下,使所保留的系数个数达到极大值的阈值,即为所要求取的最优阈值。该算法与通用阈值相比具有一定的灵活性,可通过控制不同的错误率来确定不同的阈值。然而该算法的局限性在于错判率不好给定;并且它只考虑了将噪声误判为信号的情况,却没有考虑将信号误判为噪声的错判率。

以上阈值算法各有优、缺点,根据实际情况选用合适的阈值算法。通用阈值算法由于计算简单而得到广泛应用,但是在较大时显得过大,往往平滑掉细节,从而导致较大的重构误差。FDR 阈值虽与信号长度无关,但由于仅考虑了错误拒绝却没有考虑错误接受的情况,因而滤波结果偏差较大。极小化风险阈值是重构误差极小的阈值,SURE 阈值和 GCV 阈值一般能获得比较好的滤波效果,但结果中有时会含有"毛刺"。实际应用中,可根据具体情况,综合运用多种阈值算法,会得到更好的滤波效果。

在第 2 章研究激光雷达噪声特性时已经指出,激光雷达系统是一个窄带系统,相对噪声,激光回波信号为低频信号,在高频信息中很难提取到有用信息。小波分解后的高频信息基本都是噪声,因此,对小波分解后的高频信息进行阈值处理后,往往没有目标信息而把很多噪声加进来,影响重构后的滤波效果。因此,提出把高频信息全部舍去,仅用低频信息进行重构。这称为基于小波域低频信息的激光雷达目标检测算法。

6.2.9.4　基于小波域相关系数的激光雷达弱信号检测

1)小波域相关系数

利用尺度空间相关性对信号进行滤波的思想最早由 Witkin 提出,随后 Mallat 和 Hwang 指出。对正态白噪声来说,信号经小波变换之后,其小波系数在各尺度上有较强的相关性,在信号的边缘附近,其相关性更加明显。而噪声对应的小波系数在尺度间却没有明显的相关性,利用这种相关性可以确定是信号系数还是噪声系数。1994 年,Xu 基于上述原理提出了空域相关滤波算法:信号的突变点在不同尺度的同一位置都有较大的峰值出现,噪声能量却随着尺度的增大而减小,取相邻尺度的小波系数直接相乘进行相关计算,从而抑制噪声,提高信噪比。

设分解的最大尺度为 J , $Wf(j,n)$ 表示尺度 j 上位置 n 处含噪信号 f 的离散小波变换,取相邻尺度的变换值进行相关计算,定义

$$\text{Corr}_1(j,n) = \prod_{i=0}^{l-1} Wf(j+i,n) \tag{6.63}$$

式中:l 为参与相关运算的尺度数;$j < J - l + 1$, l 一般取 2。

则

$$\text{Corr}_2(j,n) = Wf(j,n) \times Wf(j+1,n) \tag{6.64}$$

式中:$\text{Corr}_2(j,n)$ 为尺度 j 上点处的相关系数。

基于上述方法,对激光回波数据进行两级分解,考察其不同尺度上的小波系数,发现激光目标回波信号的小波系数也有很大的相关性,而噪声却没有这个性

质。因此,提出基于小波域相关系数的激光雷达弱信号检测,该算法可有效地提取弱信号。

6.3 基于 TBD 的激光弱目标检测

6.3.1 基于 TBD 的激光弱目标检测问题分析

在强杂波、低信噪比背景下,对低可观测目标的检测成为雷达及光电探测领域的重要研究方向。相继提出各种方法,其中包括先跟踪后检测(TBD)方法。先跟踪后检测是一种重要的非相参积累方法。传统的对目标先检测后跟踪(DBT)方法采用对单帧回波降噪处理,在提高信噪比后由门限检测出目标,再实施目标跟踪。TBD 方法对一段时间内每一帧的数据进行存储和处理,而并不对每帧数据提供检测。经过多帧的积累,在目标的轨迹被估计出来后,检测结果与目标航迹同时被确认。

基于 DBT 方法和 TBD 方法的目标检测与跟踪流程如图 6.28 及图 6.29所示。

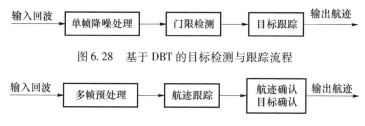

图 6.28　基于 DBT 的目标检测与跟踪流程

图 6.29　基于 TBD 的目标检测与跟踪流程

如图 6.30 所示,依一定信噪比随机发生多帧回波数据组合成的距离像(三维坐标轴:竖直方向为信号幅度,水平轴为目标距离,向外的轴为时间轴)。图6.30(a)中,依据信噪比为 4 随机产生的回波图像中存在一条明显的目标航迹。目标脉冲幅度明显高出噪声,从单帧回波中即可检测出目标。随着信噪比下降到 2,此时目标与噪声的幅度已经相当。可以看出图 6.30(b)中的目标轨迹已有多处断掉,在这些断掉的地方,目标幅度弱于噪声或者没有目标回波脉冲。图6.30(b)中还可以观察到一条明确的目标航迹存在。信噪比继续下降为 1,目标航迹断掉的地方更多,但在图 6.30(c)中还是有一条航迹显现。信噪比下降到0.6,凭人眼只能从图 6.30(d)中依稀分辨出一条航迹。因此,在低信噪比时,尽管当前帧没有检测到目标,但从多帧数据总体观测的角度来看,目标(航迹)还是存在的。

进一步,将多帧回波三维图像投影得到二维"灰度"图像。如图 6.31 所示,

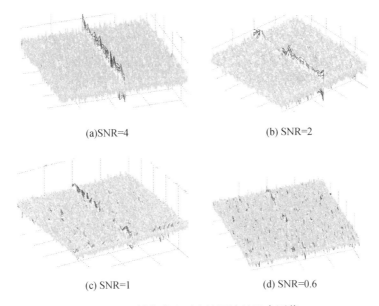

(a)SNR=4　　　　　　　　　(b) SNR=2

(c) SNR=1　　　　　　　　　(d) SNR=0.6

图 6.30　低信噪比下多帧回波的组合图像

依信噪比为 0.8 随机发生的多帧激光回波组合成一幅二维 200×40 点的灰度距离像。横向为单帧回波采样点,纵向为不同脉冲重复周期的时间帧次。图像的"灰度"值是回波采样点的幅度。图中,目标相对载机运动速度为马赫数 50,显示为一条向右下方的斜线航迹。将目标检测判决的规则由单帧回波中目标脉冲高于检测门限改为多帧回波距离像中目标航迹的存在,即由 DBT 检测转变为 TBD 检测,则进一步降低脉冲激光雷达目标的检测信噪比是可行的。与 DBT 方法的实施关键在于单帧回波降噪不同,TBD 方法的关键在于从多帧回波中跟踪出目标的航迹。本章主要结合激光目标特点和实时性检测要求,研究基于收敛映射和移动投票的改进 CMRV - Hough 变换航迹跟踪算法。

图 6.31　多帧组合激光回波二维"灰度"距离像

6.3.2　目标距离像预处理

6.3.2.1　预处理算法

脉冲激光雷达回波采样率高、数据量大。200MHz 采样频率下 500μs 单帧三脉冲回波采样有 300×10^3 个样本点。按照 TBD 的思想,直接对原始多帧组合回波数据进行 Hough 变换参数空间映射,运算量将非常大,不具有可行性。

因此,在进行航迹跟踪前,应结合激光目标回波信号的特征进行预处理,滤除图像中一定的噪声冗余点,降低参与目标航迹跟踪的样本数。在红外图像 TBD 检测前的预处理中,由于背景辐射红外功率,因此抑制背景杂波是主要任务。目前被小目标检测算法普遍采用的背景抑制方法有高通滤波、顺序滤波、中值滤波、最小二乘法滤波、匹配滤波、背景预测、二维最小均方差(LMS)自适应空间预测滤波、局部熵法、神经网络法、小波变换、分形技术、数学形态学方法等。然而,激光回波是激光照射到目标后发生后向反射,由光学天线接收沿原光路返回激光光束经光电转换得到的。其回波信号中主要是噪声,受背景影响较小。因此,预处理主要针对的是回波噪声。

预处理通过多脉冲积累措施提高信噪比,然后依据一定的阈值将幅度低的数据点加以剔除并加以二值化,最后通过聚类进一步减少噪声像素点。预处理算法主要包括以下三个方面:

(1)距离像增强。考虑低信噪比下目标回波脉冲已经被噪声淹没,采取数字滤波不仅会影响数据的原始特点,也会带来较大的运算量。如果采取小波降噪措施,运算量还将会更大。因此,只采用三脉冲回波累加的措施,在保留数据原始性的同时获得 $\sqrt{3}$ 倍的信噪比增益。另外,这也将三脉冲回波数据转换为单脉冲回波数据,减少了 2/3 的数据点。

(2)距离像二值化。激光组合回波中大量存在的是密集点噪声与杂波,不适合做数字图像处理中常用的边缘检测。为此,采取阈值比较处理,滤除幅值较低的噪声点。阈值划定的高低会影响检测结果,阈值高会丢失目标信息,阈值低会增加检测的运算量。这一点可根据设计要求的虚警率及检测概率加以折中。

在实际应用中,阈值依当前噪声样本均方根的一定倍率设划定。具体做法:首先选择 2000 点噪声样本,利用下式计算噪声均方根:

$$\text{RMS} = \sqrt{\frac{1}{N} \sum_{i=1}^{N} (n_i)^2} \qquad (6.65)$$

由计算的 RMS,结合 ADC 幅度转换精度,可得到对应电压值。设 RMS = 100mV,针对 TBD 检测主要满足信噪比为 0.5 以上的要求,对应目标脉冲回波峰值幅度为 50mV 以上。因此,可按 0.8 的倍率对回波中幅度低于 40mV 的噪声点加以去除。

在完成阈值比较的同时,进行组合回波"灰度"图像的二值化。具体做法是将高于阈值的采样点二值化为幅值为 1 的点,否则该位置的幅值置 0。经过这样的处理之后,多帧组合回波数据就由一幅"灰度"图像转换为"二值"的黑白图像,这将便于进行 Hough 变换的参数空间映射。

(3)距离像下采样。200MHz 采样频率下,宽度为 20ns 的回波中目标脉冲最多可连续采得 4 个点。低信噪比下,目标回波脉冲宽度通常达 50 ~

100ns。而对大量的高频噪声采样得到的只有 1 ~ 2 个点。在激光回波的降噪措施中,往往只对回波信号的幅度变化加以处理,并未直接利用回波脉冲时间宽度明显区别于大量高频点噪声宽度的这一特征。从组合回波的二值化图像中可观察到这一明显特征。因此,采取像素点聚类的方法,在组合回波图像中只留下连续为 1 的两点以上的像素,将孤立值为 1(左右相邻多个点的值为 0)的像素点剔除。这样,大量的单点噪声会被滤除,从而进一步减少参与参数空间映射的像素数。

在目标相对载机静止或低速运动时,多帧回波组合图像的目标像素点沿纵向聚集为一窄带状区域,明显区别于噪声。对于这种情况的二值化图像直接进行 Hough 变换,会出现目标航迹捕获错误的情况。出现这一问题的主要原因是静止或低速运动目标轨迹区域内的目标像素点与噪声点可能在多个方向形成直线段,甚至是在横向(水平单帧回波方向)检测到直线段。即使采取在参数空间降低分辨率的方法也不行。为解决这一问题,提出从目标脉冲宽度与噪声不同的这一特征出发,对单帧回波像素点实施下采样。

下采样的具体实现步骤如下:

(1)针对单帧回波,从第一个像素开始连续 5 个像素点的幅值相加(单个点的幅值为 1 或 0)。

(2)若这 5 个点的幅值之和大于或等于 2(或 3),将这 5 个点合并为一个值为 1 的像素;否则,合并为一个 0 像素点。

(3)按上述算法将单帧回波全部进行像素下采样处理。

(4)将多帧回波依帧次进行下采样,完成整幅图像的下采样。

6.3.2.2　预处理仿真及分析

仿真一:距离像增强及二值化。

图 6.32(a)仿真了载机与目标相对运动速度为 0、信噪比为 0.8 的多帧回波组合图像及其二值化图像。6.32(b)仿真了相对运动速度为 150、信噪比为 0.8 的多帧回波图像及其二值化图像。6.32(c)仿真了相对速度为 0、信噪比为 1 的多帧回波图像及其二值化图像。可以看出,经过积累、阈值比较与二值化处理后不仅目标回波信噪比有所增强,图像中的有效像素点数量也明显减少。

仿真二:距离像剔除单点像素处理。

图 6.33 仿真对比了一幅原始信噪比为 0.8 的多帧回波图像进行阈值比较,以及二值化后的图像在聚类前后的对比。图 6.33(a)的原始灰度图像共点。图 6.33(b)经过阈值比较及二值化处理后得到的图像的像素点数为 263 点。图 6.33(c)显示经过剔除单点像素聚类处理后,像素点数变为 63 点。

(a) 相对运动速度为0、信噪比为0.8的多帧回波组合图像及其二值化后的图像

(b) 相对运动速度为150、信噪比为0.8的多帧回波组合图像及其二值化图像

(c)相对运动速度为0、信噪比为1的多帧回波组合图像及其二值化图像

图 6.32　不同信噪比下的组合回波二值化图像

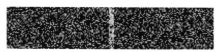 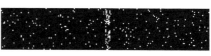

(a) 原图　　　　　　　　　　　　　　　(b) 二值化图像

(c) 聚类后图像

图 6.33　剔除单点像素的图像对比

仿真三:距离像下采样。

图 6.34 仿真了信噪比为 1、相对载机静止的目标多帧回波,经预处理后直接进行 Hough 变换检测目标航迹。6.34(a)为原始图像。6.34(c)为经三脉冲累加积累后的图像。图 6.34(b)和(d)分别为图 6.34(a)和(c)的二值化图像。这几幅图像显示了三脉冲累加对信噪比增强的效果。需要指出的是,图 6.34(e)仿真了

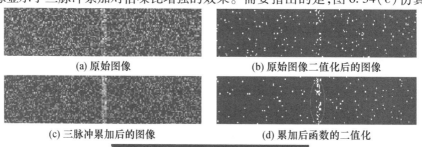

(a) 原始图像　　　　　　　　　　　(b) 原始图像二值化后的图像

(c) 三脉冲累加后的图像　　　　　　　(d) 累加后函数的二值化

(e) 直接Hough变换进行航迹检测

图 6.34　基于 Hough 变换直接检测相对静止或低速目标航迹

对图 6.34(d)二值化后的图像(未进行像素聚类)直接进行 Hough 变换检测直线航的结果,可以看出未检测出竖直方向的目标运动轨迹。

经过按和为大于或等于 2 的下采样,回波中孤立的单点噪声像素置 0,目标脉冲的所有连续像素点合并为单个像素。实际上,下采样处理中包含像素点聚类的功能。这样,不仅使得目标容易被 Hough 变换检出,提高信噪比,而且总的像素数又减少了。

图 6.35 仿真中选择的原始多帧组合回波图像与图 6.33 仿真相同。图 6.35 (b)为经过二值化后的图像,共有 263 个像素点。经过按和为 2 的 5 点下采样之后的像素点数变为 32 点,如图 6.35(c)所示。而经过按和为 3 的 5 点下采样之后的像素点数为 7 点,如图 6.35(d)所示。实际上,图 6.35(d)中已经只显示目标航迹。

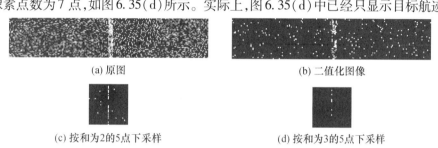

(a) 原图　　　　　　　　　　　　　(b) 二值化图像

(c) 按和为2的5点下采样　　　　　　(d) 按和为3的5点下采样

图 6.35　下采样处理前后的图像对比

综上所述,激光回波组合图像的预处理包括图像信噪比增强(三脉冲累加),阈值比较处理与二值化,像素聚类以及像素下采样降噪等算法。其中,像素下采样是可以替代像素聚类的。从图 6.35 可以看出,经过预处理,激光回波组合图像中的大量噪声被去除,8000 点原始样本像素点只剩下目标航迹上的 7 点。之所以有这样好的效果,与激光回波的高采样率、低信噪比下目标脉冲宽度以及噪声特性等因素有关。预处理大大降低了参与参数空间映射的像素点数。剩余的少量有效像素点可以经过 Hough 变换迅速确定直线航迹。

6.3.3　目标航迹跟踪

6.3.3.1　基于 Hough 变换的目标航迹跟踪算法

1)算法描述

在数字图像处理中,Hough 变换通常用来识别图像中几何形状,如直线、椭圆等。它可以检测图像中已知形状的目标,并且受噪声和曲线间断的影响小。短时间内脉冲激光雷达目标的航迹可视为直线。这与图像处理中的线条很相似,因此可以将 Hough 变换引入到雷达目标的检测中。在雷达数据空间中,目标的回波与目标的距离之间有一定的几何关系,可以看成一个数据空间图像

(目标距离–时间维)。目标的运动是一个轨迹,可以利用其几何信息对目标回波进行积累。近年来,已有较多研究将 Hough 变换用于密集噪声杂波环境下的目标航迹检测。

Hough 变换利用图像空间与参数空间的数据对偶性,将图像中的特征曲线映射为参数空间内的聚集点。通过在参数空间中搜索聚集点,实现对图像空间中曲线的检测。图 6.36 给出了图像空间与参数空间的对偶映射。从图 6.36 中可以看出,xOy 坐标系(图像空间)和 $k-b$ 坐标系(参数空间)存在点–线的对偶性。xOy 坐标系中的 P_1、P_2 两个点分别对应于 $k-b$ 坐标系中的 L_1、L_2 两条直线。$k-b$ 坐标系中这两条线的交点 P_0 反过来对应 xOy 坐标中的该两点所确定的直线 L_0。

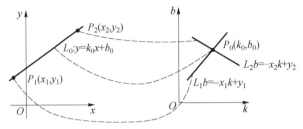

图 6.36　图像空间与参数空间的对偶映射

由于 xOy 坐标中的垂直线的斜率 K 值为无穷大,给计算带来不便,故通常使用点–正弦曲线对偶变换解决这一问题。xOy 坐标系中的点 (x,y),经过点–正弦曲线对偶变换在极坐标 $\theta-\rho$ 中变为一条正弦曲线:

$$\rho = x\cos\theta + y\sin\theta(0 \leq \theta \leq \pi) \tag{6.66}$$

可以证明,xOy 坐标系中一条直线上的点经过 Hough 变换后,对应一簇正弦曲线在极坐标系 $\theta-\rho$ 平面存在一聚集点,如图 6.37 所示。

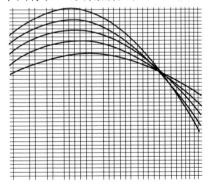

图 6.37　点–正弦曲线对偶变换

也就是说,极坐标平面(参数空间)的一点对应于 xOy 坐标系(图像空间)的一条直线(多个点)。极坐标系离散量化成许多小格(图 6.37)。对于 xOy 坐标系中每个点的坐标(x,y),以为变量取小格的步长(如 1°),并从 1°变化到 180°,代入式(6.66)可计算出 180 个值。对得到的值分别判断落在哪个小格内,便将该小格对应的累加器值增 1(投票计数器增 1)。整个参数平面对应于一个累加器阵列,用以统计落在各个小方格的票数。当笛卡儿坐标中全部的点都变换后,对累加器阵列进行搜索,找出计数值最大(得票数最多)的小格(参数空间的聚集点),将其坐标值经反变换对应于笛卡儿坐标系中的一条直线段。Hough 变换的反变换也是由式(6.66)实现,只不过这时将 $\rho-\theta$ 看作常数,$x-y$ 看作未知数。这样,图像空间的一个点(x_0,y_0)由式(6.66)映射成参数空间的一条曲线,一条直线上的所有点映射到参数空间上的各条曲线交于一个聚集点。因此,只要在参数空间中检测到该聚集点,即可以判断存在一条直线段。

图 6.38 给出了利用变换积累进行目标航迹跟踪的框图。在进行目标航迹跟踪时,首先要对目标距离像数据进行 Hough 变换得到目标航迹在参数空间的映像。然后,在参数空间按相应的积累规则进行检测。最后,将检测结果反变换回到数据空间可得到目标航迹。

图 6.38　基于 Hough 变换的目标航迹检测

Hough 变换检测目标航迹的过程可以看成映射和投票两个环节,映射将图像空间和参数空间联系在一起,投票用于检测出参数空间的特征聚集点。这一参数空间映射检测的方法可用于密集杂波条件下的目标直线航迹检测。

以 1000×10 为窗口对回波图像进行 Hough 变换处理,算法步骤如下:

(1)计算噪声的 RMS,并初始化 $K\times$RMS 作为阈值,与图像中采样点的幅度做比较后进行图像二值化。

(2)由值为 1 的全部 L 点像素的坐标得到矩阵 $\boldsymbol{D}$(其中,$x\in[0,1000]$,$y\in[0,10]$),即

$$\boldsymbol{D}=\begin{bmatrix} x_1 & x_2 & \cdots & x_L \\ y_1 & y_2 & \cdots & y_L \end{bmatrix} \tag{6.67}$$

(3)将 θ 取一定步长计算得到 Hough 转换矩阵 $\boldsymbol{H}$,即

$$\boldsymbol{H}=\begin{bmatrix} \cos\theta_1 & \sin\theta_1 \\ \cos\theta_2 & \sin\theta_2 \\ \vdots & \vdots \\ \cos\theta_N & \sin\theta_N \end{bmatrix} \tag{6.68}$$

（4）转换到参数空间中的点由矩阵 $\boldsymbol{R}$ 表示,即

$$\boldsymbol{R} = \boldsymbol{HD} = \begin{bmatrix} \rho_{\theta_1,1} & \rho_{\theta_1,2} & \cdots & \rho_{\theta_1,L} \\ \rho_{\theta_2,1} & \rho_{\theta_2,2} & \cdots & \rho_{\theta_2,L} \\ \vdots & \vdots & & \vdots \\ \rho_{\theta_N,1} & \rho_{\theta_N,2} & \cdots & \rho_{\theta_N,L} \end{bmatrix} \tag{6.69}$$

矩阵 $\boldsymbol{R}$ 的每一列为图像中的一点映射到 Hough 空间的所有点的 ρ 值,矩阵 $\boldsymbol{R}$ 的每行则是参数空间某个角度 θ_i 对应的图像中全部 L 点的 ρ 值。其中,$\theta \in [0,\pi]$,$N = \pi/\Delta\theta$,$\Delta\theta$ 为参数空间中 θ 的步长。取 $\Delta\theta = 1°$,$N = 180$。

（5）取矩阵 $\boldsymbol{R}$ 第一行(对应 θ_1)的 L 个 ρ 值以一定的分辨率 $\Delta\rho$ 量化,对参数空间对应的累加器单元 $a(\rho,1)$ 投票。

（6）取 $\boldsymbol{R}$ 第二行数据,对累加器表格 $a(\rho,1)$ 投票。当 θ 增至 θ_N 时,投票完毕。

（7）对表格 $a(\rho,\theta)$ 进行搜索,统计参数空间的得票数,求出极大值点,即参数空间的聚集点。聚集点可能不止一个点,即图像中不止一条直线。

（8）将得到参数空间聚集点的坐标值 (ρ,θ) 进行反变换,即可在图像空间得到潜在目标航迹直线。

（9）若判断目标航迹上点数大于 5,则直接作为目标航迹判决输出;否则(或者有两条以上航迹点数均大于 5),则需要对再缓存的 10 帧回波组合距离像重复上述步骤进行航迹跟踪,得到航迹后与之前的航迹匹配校验,确定真实目标航迹。

（10）根据航迹坐标值计算航迹斜率,并结合任意航迹像素点的坐标推算当前帧目标距离数值并输出。

2）算法性能分析

（1）目标航迹检测性能。为了评价基于 Hough 变换的目标检测性能,采用 10 帧回波缓存组成距离像(脉冲重复周期为 100ms),针对不同信噪比进行 20 次目标检测仿真实验。表 6.5 给出了低信噪比下基于 Hough 变换的目标航迹检测结果。可以看出,在对未经预处理的距离像直接利用 Hough 变换检测航迹的性能明显低于对预处理后的图像实施的检测。

对于经过预处理的图像,在信噪比为 1 时,不同速度的目标航迹检测概率均超过 0.95,目标航迹捕获时间为 1s(基本上通过一幅图像即可跟踪出目标航迹)。信噪比下降至 0.8,检测概率降至 0.8 ~ 0.9。信噪比为 0.6 时检测概率为 0.5 ~ 0.8,目标捕获时间大于 2s。另外,不同速度的目标的检测性能不同,低速目标的航迹跟踪性能相对较好。

表 6.5　低信噪比下基于 Hough 变换的目标航迹检测结果

SNR	速度	直接 Hough 变换检测概率	直接 Hough 变换平均捕获时间/s	预处理后 Hough 变换检测概率	预处理后 Hough 变换平均捕获时间/s
1	600	17/20	2	19/20	1
1	150	17/20	2	19/20	1
1	0	16/20	2	20/20	1
0.8	600	10/20	3	16/20	2
0.8	150	10/20	3	17/20	2
0.8	0	6/20	4	20/20	1
0.7	600	7/20	4	15/20	2
0.7	150	8/20	4	16/20	2
0.7	0	6/20	5	16/20	2
0.6	600	2/20	10	6/20	5
0.6	150	7/20	4	11/20	3
0.6	0	4/20	5	16/20	2

（2）算法运算量与实时性分析。基于 Hough 变换的目标检测其参数空间映射方法运算量大。设经过预处理后图像有 L 个像素点，θ 的步长为 $1°$，则映射次数为 $180L$。实际上，Hough 变换要求每个回波二值化图像中的点都要进行映射计算，其中存在较多的无效映射。例如，在同一帧回波中，即使检测出有直线段也是错误的。

Hough 变换采用批处理工作方式，图像中全部点的数据已知才能进行处理。然而，在雷达目标检测中，雷达回波数据是逐帧得到的，进行 Hough 变换需要一定时间的缓存。实际上，以一个脉冲重复周期 100ms 为例，只有 1.65ms 用于三脉冲回波数据的采集，剩余 98ms 可用于处理数据。而等到各帧数据采集完再处理，将会浪费 9 个 98ms。如果不能在最后一帧数据到来后的 98ms 内完成运算，就势必影响雷达目标检测的实时性能（实际的 Hough 变换航迹检测运行时间需要近 1s）。相反的，如果在采集每帧数据时可以进行实时运算，即每个脉冲重复周期都进行映射和投票，就会有效缩短 TBD 的目标捕获时间。因此，基于上述问题，需要对现有参数空间映射的算法进行改进和完善，以满足目标实时检测的要求。

（3）算法仿真实验。

仿真一：单目标，相对载机速度为 50m/s，目标脉冲宽度为 50ns，采样率为 200MHz，依 SNR＝0.8 随机发生 40 帧 200 点激光回波信号进行组合。

图 6.39 显示了对 SNR＝0.8 的原始回波组合图像进行三脉冲累加、阈值比较二值化处理后的图像。6.39（c）是对图（b）中图像直接进行 Hough 变换航迹

检测的结果,可以看到出现了两条直线,其中一条是航迹。而通过对图(b)的下采样得到图(d)中有效像素已不足 40 点。再进行改进参数空间映射,图 6.39 (e)显示跟踪到目标航迹。

(a) 三脉冲累加后的图像

(b) 累加后二值化的图像

(c)直接Hough变换进行航迹跟踪

(d) 二值化图像的下采样

(e) 下采样后Hough变换跟踪的航迹

图 6.39   SNR = 0.8,相对速度 50 m/s 的激光目标 TBD 检测

仿真二:单目标,相对载机速度为 0,目标脉冲宽度为 50ns,采样率为 200MHz,依 SNR = 0.8 随机发生 40 帧 200 点激光回波信号进行组合。

图 6.40 显示了 SNR = 0.8 的原始回波组合图像及预处理后的图像。图 6.40(b)、(d)(200 × 40 图像)对比,三脉冲累加及二值化后信噪比明显提高。图 6.40(e)是对图(d)直接进行 Hough 变换航迹检测的结果,可以看到出现了目标捕获错误。通过对图 6.40(d)下采样得到图(f)(40 × 40 图像)中有效像素已不足 20 点。再进行改进的参数空间映射,图 6.40(g)显示跟踪到了目标航迹。

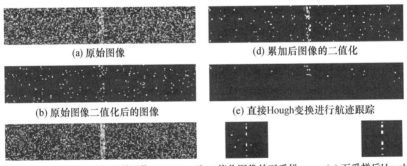

(a) 原始图像

(d) 累加后图像的二值化

(b) 原始图像二值化后的图像

(e) 直接Hough变换进行航迹跟踪

(c) 三脉冲累加后的图像

(f) 二值化图像的下采样

(g) 下采样后Hough变换跟踪

图 6.40   SNR = 0.8,相对速度 0 的激光目标 TBD 检测

仿真三:单目标,相对载机速度 150m/s,目标脉冲宽度为 50ns,采样率为 200MHz,依 SNR = 0.8 随机发生 40 帧 200 点激光回波信号进行组合。

图 6.41 中目标相对载机的运动速度较快,图 6.41(c)中的运动目标被 Hough 变换检测出来,没有发生捕获错误,但存在假目标。经过下采样后,图 6.41(e)基于 Hough 变换算法直接跟踪出了真实目标的航迹。

（a）三脉冲累加后的图像　　　　　　　　（b）累加后二值化的图像

（c）直接 Hough 变换进行航迹跟踪　　　（d）二值化图像的　　（e）下采样后 Hough
　　　　　　　　　　　　　　　　　　　　　下采样　　　　变换跟踪的航迹

图 6.41　SNR = 0.8,相对速度 150 m/s 的激光目标 TBD 检测

6.3.3.2　基于 CMRV – HT 的目标航迹跟踪算法

1）算法描述

Hough 变换用于提取密集杂波环境下低可观测性目标的航迹,但存在运算量大、无效映射、存储空间大、检测精度不高等缺点。研究人员从图像处理、雷达航迹起始等应用背景需求,提出随机 Hough 变换(RHT)与 Hough 变换采用发散映射将图像一点映射到参数空间一条曲线上的多点不同,RHT 提出收敛映射从图像中随机抽取两个点映射到参数空间的一个点。随机抽样方法有均匀抽样、重要性采样等。这在一定程度上减少了无效采样,可快速提取出整幅图像的直线分布。但 RHT 随机抽取映射样本的方法并不适用于雷达目标航迹检测的应用。Hough 变换采用批处理方法,计算量大,实时性差。修正 Hough 变换就给出了利用三帧数据快速起始航迹的算法。但修正 Hough 变换在低信噪比下虚警率较高,而其采用速度选通的样本选取方法,考虑雷达目标速度的先验信息,可有效减少参与映射的样本数量。

结合上述几种 Hough 类变换的特点及激光回波组合图像的特点,依据实时测距的要求,下面提出改进参数空间映射方法及移动投票进行目标航迹检测的(Converging Mapping and Running Voting Hough Transform)算法,能够提高目标TBD 检测的快速性和有效性。

算法主要包括以下三个方面:

(1)收敛映射。

图 6.42(a)给出了经典 Hough 变换的发散映射示意,图像空间的每个点都分别对应于参数空间的一条曲线上的多个点,对应于 $k-b$ 或者平面的一条曲线路径上的多个小方格。图 6.42(b)显示收敛映射将两个像素点 $d_1(x_1,y_1)$ 与 $d_2(x_2,y_2)$ 映射到参数空间的一个点。一次映射运算,对应于 $k-b$ 或者 $\rho-\theta$ 平面的一个小方格。

对于以极坐标表示的参数空间,有映射关系:

$$\rho = x_i\sin\theta + y_i\cos\theta \ (i=1\ \text{或}\ i=2) \tag{6.70}$$

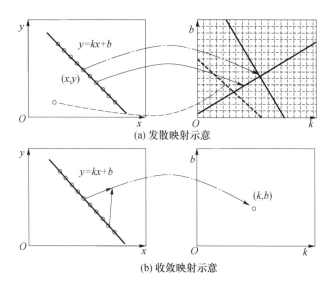

(a) 发散映射示意

(b) 收敛映射示意

图 6.42　收敛映射与发散映射的对比

$$\theta = \arctan\left(\frac{x_1 - x_2}{y_2 - y_1}\right) \tag{6.71}$$

给定两个点的坐标值,由式(6.70)可得

$$\rho = \left[(x_1 + x_2)/2\right]\sin\theta + \left[(y_i + y_2)/2\right]\cos\theta \tag{6.72}$$

而为了避免计算 $\sin\theta$ 及 $\cos\theta$,式(6.72)可转换为

$$\rho = \frac{0.5((x_2 - x_1)(y_1 + y_2) - (y_2 - y_1)(x_2 + x_1))}{\sqrt{(x^2 - x^1)^2 + (y_2 - y_1)^2}} \tag{6.73}$$

对于反正切函数可采用切比雪夫多项式展开进行近似计算:

$$\arctan x = 0.99913x - 0.32053\,x^3 + 0.14498\,x^5 - 0.03825\,x^7 \tag{6.74}$$

实际 DSP 应用中可采用查表法实现 ρ、θ 的计算,以提高计算速度。

(2)基于运动状态的映射样本选取。对于图像中的 N 个像素点,设 θ 步长为 $\pi/180, \theta \in [0, \pi]$,经典 Hough 变换的映射次数为

$$M_{\text{div}} = N \times 180 \tag{6.75}$$

从 N 点中抽取两点进行收敛映射的总次数为

$$M_{\text{conv}} = C_N^2 = \frac{N!}{(N-2)! \times 2} = \frac{N \times (N-1)}{2} \tag{6.76}$$

由式(6.75)、式(6.76)可知,若参与映射的点数 $N \leq 360$,则收敛映射次数少于 Hough 变换次数。激光回波图像由多帧组合而成,其中包含目标的运动信息及各次回波具有顺序的时间关系。回波图像中参与收敛映射的样本选取不能随机选取,应结合目标运动状态进行选取。

首先,由于目标运动航迹不可能出现在同一帧,因此不选择位于同一帧的两

点进行映射;其次,两点选取应符合空中目标相对运动的速度限制,即

$$-850\text{m/s} < v < 240\text{m/s} \tag{6.77}$$

（3）移动投票。为了兼顾快速性,并适应不同信噪比条件,算法采取移动投票机制。将参数平面离散化为一个二维表格,其中每个小方格的位置对应一个累加器单元。从两帧回波中选取的两点经式(6.70)和式(6.71)映射到一点 (ρ_0,θ_0),判断该点落入参数平面的哪个方格中,将该方格配备的累加器值增1,即完成一次投票。在第一帧后,每取得一次回波数据就结合以往各帧选取两点进行投票。图 6.43 给出了从多帧回波中选取两点样本进行映射及移动投票的流程。若参数平面上某点得票数超过设定值,则可判定目标直线轨迹的存在。

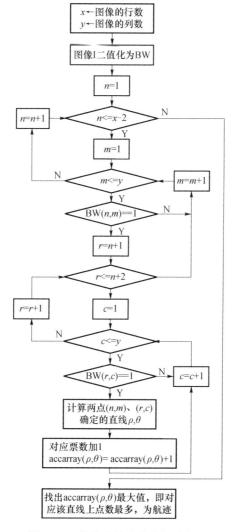

图 6.43　收敛映射及移动投票流程

对于单目标,通过搜索参数空间的峰值点,判断其达到设定阈值,即视为一个潜在目标存在。

批处理方式存在固定检测时间延迟问题。移动投票不必等待多次回波数据采集完才进行检测,而是每得到一帧数据就实施投票。这样,信噪比高时可快速检出目标,而信噪比低时再用时间换取检测概率。10Hz 激光雷达的一个脉冲周期中约有 2ms 用于采样,剩余 98ms 可用于计算。将计算分布到各帧,有利于实现实时测距。

（4）目标距离信息的计算。检测到潜在目标航迹后,对航迹附近的原始数据点进行最小二乘拟合,得到目标的精确速度及距离信息。取轨迹上任一点,可知其所在帧及位置（距离）,取直线上两点可计算出速度（10Hz 脉冲重复频率下,两帧时间间隔为 100ms）。

2）算法性能分析

（1）目标航迹检测性能。为了评价基于 Hough 变换的目标检测性能,采用 10 帧回波缓存组成距离像（脉冲重复周期为 100ms）,针对不同信噪比进行 20 次目标检测仿真实验。表 6.6 给出了低信噪比下两种算法的目标检测性能对比。可以看出,两种算法的目标航迹检测概率基本相同。

表 6.6　低信噪比下两种算法的目标检测性能对比

SNR	速度	Hough 变换算法检测概率	Hough 变换算法平均捕获时间/s	改进算法检测概率	改进算法平均捕获时间/s
1	600	19/20	1	19/20	0.5
1	150	19/20	1	19/20	0.5
1	0	20/20	1	20/20	0.4
0.8	600	16/20	2	16/20	0.9
0.8	150	17/20	2	17/20	0.9
0.8	0	20/20	1	20/20	0.7
0.7	600	15/20	2	15/20	1.6
0.7	150	16/20	2	15/20	1.5
0.7	0	16/20	2	16/20	1.2
0.6	150	11/20	5	11/20	2
0.6	0	16/20	3	16/20	1.6

Hough 变换算法受到批处理方式的限制,其目标航迹捕获时间为 1s（一幅图像的处理时间）的整数倍。改进算法的目标捕获时间因信噪比的不同而不同。信噪比大时可以迅速捕获目标,信噪比小时则牺牲时间换取检测概率。这对于算法的实时应用有着重要意义。另外,同样是低速目标的航迹跟踪性能相对较好。

（2）算法运算量与实时性分析。对图像有 L 个像素点，θ 的步长为 $1°$，基于 Hough 变换的参数空间映射方法要求每个点都参与映射，总的映射次数为 $180L$。采用收敛映射的映射次数为 $L(L-1)/2$，由于 $L < 360$ 点，则收敛映射次数少于 Hough 变换的发散映射。而采取速度条件选通映射，还可进一步减少映射次数。由表 6.7 看出，几种信噪比下 2000×40 的回波图像在预处理后像素总数均不足 360 点。可以看出，采取收敛映射和速度选通的的改进参数空间映射的次数明显较 Hough 变换低。并且，信噪比越高，运算量降低越明显。改进算法的运算量可以分布在各帧中进行，这将更加有利于算法的实时实现。

表 6.7　2000×40 回波图像映射次数对比

SNR	像素点	发散映射	改进映射
1	189	34020	3028
0.8	232	41760	6860
0.6	318	57240	12721

3）算法仿真实验

（1）单目标。

仿真一：单目标，相对载机速度为 $600\mathrm{m/s}$，目标脉冲宽度为 $50\mathrm{ns}$，采样率为 $200\mathrm{MHz}$，依 $\mathrm{SNR} = 0.8$ 随机发生 50 帧 500 点激光回波信号进行组合。

图 6.44 中目标相对载机的运动速度快，图 6.44（b）预处理的效果理想，图 6.44（c）为检测出的运动目标航迹。图 6.44（d）的参数空间图像右上角可以看到一个明显的聚集点。

仿真二：单目标，相对载机速度为 $600\mathrm{m/s^{-1}}$，目标脉冲宽度为 $25\mathrm{ns}$，采样率为 $200\mathrm{MHz}$，依 $\mathrm{SNR} = 0.7$ 随机发生 50 帧 1000 点激光回波信号进行组合。

图 6.45（a）给出了组合回波距离像经二值化后的结果，图 6.45（b）为基于 Hough 变换的航迹跟踪结果，图 6.45（c）为基于 CMRV – HT 的航迹跟踪，可以看出两种算法均正确检测出了目标航迹。图 6.45（d）和（e）则给出了两种映射方法在参数空间的三维图，可以看出基于 CMRV – HT 的映射运算明显少于经典 Hough 变换。

（2）多目标。脉冲激光雷达发射激光的发散角非常小，光斑聚集性好，因此在同一个光斑中出现多目标的机会较小，但也会出现。下面仿真两个不同速度的相向运动的目标。由于参数空间映射本身具备同时检测多条直线段的能力，因此算法中与单目标检测相比只需检出投票累加器中的两个极大值点即可。

仿真一：双目标，第一个目标以 $150\mathrm{m/s}$ 的速度远离载机，第二个目标与载机迎头飞来，相对载机速度为 $150\mathrm{m/s}$。目标脉冲宽度为 $50\mathrm{ns}$，采样率为 $200\mathrm{MHz}$。依 $\mathrm{SNR} = 0.8$ 随机发生 40 帧 400 点激光回波信号进行组合。

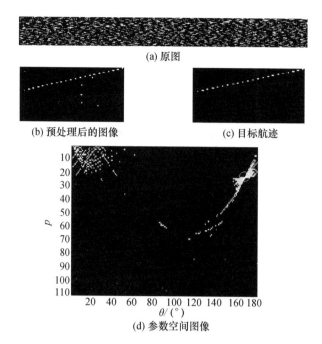

(a) 原图

(b) 预处理后的图像　　　　　　　　(c) 目标航迹

(d) 参数空间图像

图 6.44　基于 CMRV – HT 的激光目标航迹跟踪

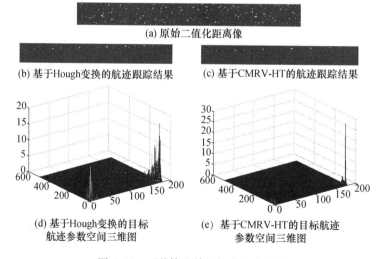

(a) 原始二值化距离像

(b) 基于Hough变换的航迹跟踪结果　　　(c) 基于CMRV-HT的航迹跟踪结果

(d) 基于Hough变换的目标　　　　　(e) 基于CMRV-HT的目标航迹
航迹参数空间三维图　　　　　　　参数空间三维图

图 6.45　两种算法单目标检测的对比

图 6.46 显示了两个相向运动的目标的检测仿真。图 6.46(b) 中的二值化图像中还可以看到大量的噪声,通过下采样后,噪声像素已经很少了,再经过参数空间映射可以正确检测出这两个运动目标。

图 6.47 显示了这两条目标航迹在参数空间的映射分布。可以看出,图像空

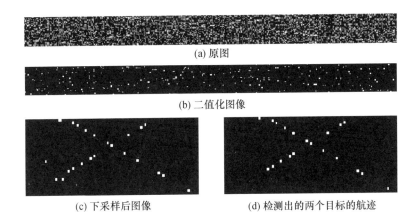

(a) 原图

(b) 二值化图像

(c) 下采样后图像　　　　　　　(d) 检测出的两个目标的航迹

图 6.46　多激光目标的航迹跟踪

图 6.47　多目标检测的参数空间三维图

间的两条直线航迹映射到参数空间表现为两个聚集区域。

6.4　目标精确定位

6.4.1　目标距离误差分析

在检测到激光回波中存在目标后,需要输出目标精确距离信息。回波信号的横轴是时间(可以换算为距离),纵轴是幅度。通常,以回波脉冲波形的峰值点对应的时刻位置来计算目标距离。以 200MHz 的采样率对 500μs 的回波信号进行采样,共有 100×10^3 个样本,系统的最大测量距离为 75000m,一个样本点对应的距离分辨率为 0.75m。比如,目标出现在 100μs 处,对应 20×10^3 点的样本处,目标距离为 15000m。

脉冲激光雷达作为导弹火控系统的距离传感器时,距离精度要求约为 15m。而在利用高能激光等武器击毁敌方飞机或导弹目标的情况下,需要能够提供尽可能精确的目标距离数据。有时还需要两个以上脉冲激光雷达同时对目标进行照射以精确定位目标位置。之所以有这样不同的精度要求,是因为导弹的爆炸存在一定的杀伤范围,而高能激光武器则要精确打击到目标的形心。因此,研究激光目标距离的精确定位是很有必要的。

目标以回波波形的峰值点来定位。根据激光目标回波信号波形的模型,用于目标定位的峰值点应为脉冲回波的第一个高斯脉冲的中心。由于目标姿态变化及大气传输,激光目标的回波脉冲会发生一定的展宽。对于点目标,激光光斑大于目标尺寸,第一个幅度最大的高斯脉冲回波的上升沿和下降沿的展宽时间基本相同。因此,可以认为点目标的脉冲展宽不会影响用于定位的峰值点的位置。

峰值点偏离回波脉冲中心的主要原因是回波中随机噪声的叠加。但在目标相对载机运动速度较高时回波峰值点位置也会出现一定偏移。比如,当目标与载机以相对速度马赫数 2.5 迎头对飞,其三脉冲回波的第二个目标脉冲相对第一个位置移动 0.47m(此时目标脉冲位置未变),而第三个目标脉冲相对第一个则移动 0.94m。这时,距离误差已大于 0.75m,第三个目标脉冲相对第一个的位置就移动一个样本间隔。在三脉冲累加后,目标回波脉冲波形整体误差了一个样本。但这种误差较小,并且可以根据目标速度加以补偿。

6.4.2 目标回波脉冲波形峰值点估计

影响目标距离精度的主要因素是噪声。目标的精确定位在于准确提取到目标回波波形的峰值点。这一问题可以看作在低信噪比下从含噪信号波形中估计出目标脉冲的峰值点位置。基于 DBT 的目标检测采用滤波方法将回波噪声滤除,再确定峰值点的位置。图 6.48 仿真了一定信噪比下激光目标回波脉冲波形经过不同点数的数字平滑滤波后的波形。仿真中,目标回波脉冲波形由三个高斯脉冲叠加的采样构成。目标脉冲波形由以下离散步骤循环给出:

A = 1;

for i = 1:20

$G(i) = A * exp(-0.1 * ((i - 6)^2)) + 0.45 * A * exp(-0.3 * ((i - 12)^2)) + 0.35 * A * exp(-0.6 * ((i - 15)^2));$

End

原始目标脉冲回波的峰值点位于 106 点处。图 6.48 的波形中经 6 点平滑滤波后,峰值点处于 110 点处;中经 10 点平滑滤波后,峰值点移动到 112 点;中在 14 点滤波后峰值点位于 114 点;而经过 18 点平滑后,脉冲波峰已经移到 120 点。可以看出,数字平滑滤波导致了目标脉冲峰值点总体上呈延迟时移,并且平滑滤波的点数越大,延迟也越大。而且,由于噪声的随机性,延迟点数存在一定的随机性。采用 IIR 滤波器和 FIR 滤波器对信号进行滤波,也存在群延迟的问题。尽管 FIR 滤波器是线性相位的,但滤波延迟还是会影响峰值点的位置。

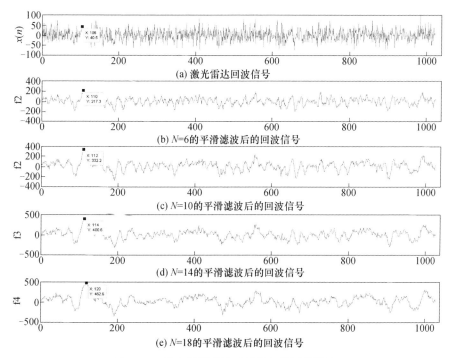

图 6.48　数字平滑滤波对峰值点位置的影响

对峰值点位置的估计还可以利用波形拟合。考虑用高斯函数拟合目标所在位置的回波波形。但在目标检测时只是先有了目标所在的基本位置,而目标脉冲回波宽度是未知的。因此,取多长的数据点进行拟合是未知的。而且,由于目标脉冲展宽是不断变化的,直接按高斯函数对波形拟合存在一定的困难。但是,这种"拟合"的思想是可取的。而前面提到的基于小波分解低频系数对目标脉冲波形进行重构滤波的过程,实际上是以一定层级的小波基波形对整个含噪激光回波信号加以拟合。对于目标检测来说,只需要通过拟合得到峰值点位置,并不必拟合出完整的目标脉冲波形。这样,采用特定的小波基函数对目标脉冲回波波形进行拟合,就可以确定峰值点的位置。实际上,拟合过程也就是小波分解与重构的过程。

图 6.49 显示利用几种不同的小波基函数对目标回波信号进行分解重构的拟合结果。图中标出了目标波形峰值点的位置。在小波分解后的重构过程中,考虑到只取主峰,就只利用低频系数,而将高频系数置为 0。而小波分解和重构的过程也会因小波基函数以及小波分解级别的不同,导致峰值点发生不同程度的偏移。

图 6.49 中目标回波脉冲波形仍由 6.4.2 节的步骤循环仿真,脉冲波形的峰值点位于 106 点处。图中,12 点平滑滤波后的波形 s_0 的峰值点位于 112 点处。双正

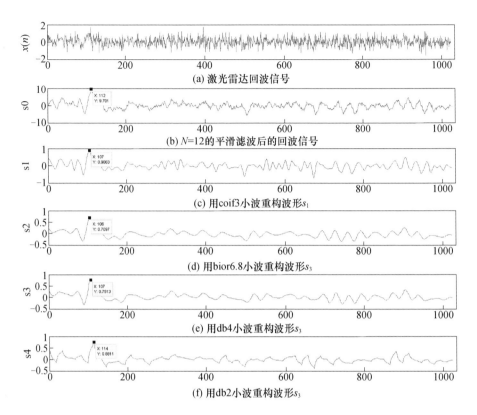

图 6.49　不同小波基滤波对峰值点位置的影响

交小波 Bior6.8 处理后的 s_2 波形峰值点保持不变,仍位于 106 点处。Coif3 和 Db4 小波的波形 s_1、s_3 偏移较小仅有 1 点,位于 107 点。Db2 小波处理后位于 114 点。

　　对比数字滤波和小波基拟合可以发现,尽管采用不同的小波基也造成回波脉冲峰值点不同程度的偏移,但总体上小波算法偏移较小。而且,有的小波基还显示了较好的峰值保持性质。考虑到高斯脉冲波形是偶对称的,对高斯脉冲进行拟合需要保持中心峰值点不动,其拟合函数的波形也必须为偶对称的。如果采用小波变换的分解和重构过程对激光目标回波进行拟合,则用于分解和重构的小波基波形也为偶对称的。

　　上述仿真采用的几种小波基函数都属于正交小波。其中,只有 bior 小波是对称的,Coif 小波是接近对称的,Db 小波是非对称的(Db4 的对称特征好于 Db2)。这与上述仿真的结果是接近的。另外,Sym 小波也是对称的,可以用作峰值点拟合估计。

　　表 6.8 给出信噪比为 2、峰值点位于在 106 点的 10 帧目标回波的拟合仿真,对比了随机含噪信号、平滑滤波及几种小波基拟合后的峰值点位置。仿真结果表明,具有对称性质的双正交小波 bior6.8 进行拟合后的峰值点检测效果最好,

其他几种小波基仅有 1 点偏移,相比平滑滤波近 7 点(5.25m)的误差,定位性能良好。因此,可以考虑在目标跟踪阶段仅对回波脉冲波形采用双正交小波基bior6.8 进行拟合,以检测出峰值点的精确位置。

表 6.8　信噪比为 2 的各小波基拟合回波后的峰值点位置对比

序号	含噪信号	Sym4	Db4	bior6.8	Coif3	平滑滤波
1	104	107	105	106	107	109
2	104	108	105	106	107	113
3	116	108	105	106	110	113
4	108	107	104	106	107	111
5	104	107	104	105	107	114
6	108	107	104	105	107	113
7	112	108	108	109	108	116
8	115	107	110	110	107	115
9	114	107	105	106	105	114
10	117	106	104	105	107	110
均值	110	107	105	106	107	113

6.4.3　基于 TBD 的目标精确定位

远程多脉冲激光测距机检测到目标后,通常采用峰值检测法确定目标距离。影响脉冲激光目标距离输出精度的因素主要包括发射脉冲宽度的距离分辨率、大气传播及目标反射特性造成的回波展宽、回波信号接收处理通道的非线性相频特性等。另外,多脉冲激光测距机属于数字化处理体制,测距精度还受到数字化采样率的影响,而激光目标回波信号滤波、目标波形提取、峰值点判决等数字信号处理环节引入目标距离判定误差也不容忽视。

目标的精确定位在于准确提取目标回波波形的峰值点。这一问题可以看作从含噪声波形中估计目标脉冲的峰值点位置。本节主要对比分析现有数字化多脉冲激光回波信号处理算法对目标定位精度的影响,针对单帧回波信号处理,提出可减小波形失真的小波降噪算法以及非对称高斯脉冲拟合校正峰值点位置的算法;针对多帧回波的观测峰值点位置利用最小二乘法统计处理改善目标定位精度。

6.4.3.1　脉冲激光回波信号的波形不失真降噪

针对 TBD 检测得到的目标所在位置,首先采用数字滤波技术对波门内的目标回波信号进行降噪,再提取目标波形,进而检测峰值点的位置。接收通道的相频特性是影响目标回波波形变化的主要因素。对接收的回波信号进行数字化处理能够改善信噪比,但由于处理过程不具备线性相频特性,目标脉冲回波波形会发生畸变,导致峰值点位置偏移,影响激光目标定位的精度。

1) 脉冲激光目标回波波形

图 6.50 给出了幅度 SNR 为 7 和 3 的光电接收脉冲激光回波波形。可以看出,大信噪比时,脉冲回波信号波形表现出较强的下冲特性;小信噪比时,下冲能量变小,波形上升沿陡峭,下降变化较为缓慢。脉冲激光目标回波波形总体上表现为非对称的高斯脉冲波形,可采用非对称高斯脉冲函数表示,如图 6.51 所示。

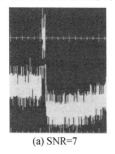
(a) SNR=7

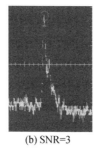
(b) SNR=3

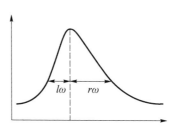

图 6.50 不同信噪比下激光回波波形　　　图 6.51 非对称高斯脉冲波形

定义这一脉冲波形的数学表达式为高斯函数与衰减函数的卷积:

$$h_{\text{pulse}}(x) = G(x) * H(x) = \int_0^x G(t)H(x-t)\mathrm{d}t \tag{6.78}$$

式中:t 为积分变量;$G(x)$ 为高斯函数;$H(x)$ 为衰减函数。$G(x)$ 和 $H(x)$ 可表示为

$$G(x) = \frac{1}{\sqrt{2\pi}\sigma}\mathrm{e}^{-\frac{x^2}{2\sigma^2}} \tag{6.79}$$

$$H(x) = \begin{cases} 0(x < 0) \\ \dfrac{1}{\tau} \end{cases} (\mathrm{e}^{(-\frac{x}{\tau})}, x \geq 0) \tag{6.80}$$

其中:τ 为修正常量,$\tau = \sqrt{M - \sigma^2}$,$M = W_{\text{a}}^2 f\left(\dfrac{r\omega}{l\omega}\right)$;$\sigma$ 为非高斯脉冲波形标准差,且有

$$\sigma = \frac{W_{\text{a}}}{f\left(\dfrac{r\omega}{l\omega}\right)} \tag{6.81}$$

其中:W_{a} 为峰值的全宽。

这一波形特性与发射激光脉冲特性、接收电路带宽以及目标反射特性等因素有关,会导致目标回波波形的峰值点位置通常出现在脉冲前沿。

2）时域数字平滑滤波

针对激光目标脉冲回波信号的特点,在时域通常采用隔样本点差分以及平滑滤波算法降低噪声影响。首先采用隔样本点差分处理去除信号中的直流分量,其中,差分相隔的样本点数 M 的选择应与目标脉冲宽度匹配;其次采用 N 点平滑滤波对高频噪声加以抑制,为了与目标脉冲宽度相匹配,通常取 $N = M$。数字平滑滤波的数学表达式为

$$y(n) = \frac{1}{N} \sum_{i=0}^{N-1} \left[x(n+i) - x(n+i-M) \right] \tag{6.82}$$

时域平滑滤波的运算量较小,便于实时实现。实际激光目标检测应用采取多级脉冲宽度匹配数字滤波措施,起始时采取较窄的平滑窗口,在目标检测与跟踪过程中,可根据当前噪声状况对平滑窗口宽度进行适当调整。

3）小波分解低频系数重构降噪

小波分析对低信噪比信号有很好的检测性能。Mallat 算法采用正交镜像滤波器组对离散序列进行小波分解及重构。激光回波信号能量主要集中于低频,高频信息中有用信息较少。因此,对信号进行小波分解后的大部分高频系数可作为噪声删除,再利用小波重构完成降噪。对于小波系数删除多少才是最合适的,结合不同评估方法形成软阈值、硬阈值等处理算法。在三脉冲激光目标检测中,有文献采取将高频系数全部删除,仅利用低频系数重构回波的方法进行降噪。

4）低通滤波的非线性相频特性导致峰值点位置发生偏移

时域平滑与低频系数重构小波降噪算法均属于低通滤波算法。图 6.52(c)显示时域平滑滤波后输出信号的峰值点位置发生了较大的偏移。图 6.52(d)给出了小波分解低频系数重构的回波信号波形,可以看出回波噪声得到了有效降低,但波形的细节特征丢失,峰值点位置发生了一定偏移。平滑滤波、小波分解低频重构等降噪方法都是对回波信号中占主要成分的低频能量进行积累平均,其结果导致原本陡峭的目标回波脉冲前沿变得平缓,峰值点位置发生偏移。

从信号与系统的关系来看,低通滤波环节的非线性相频特性是造成激光目标波形发生畸变失真、峰值点偏移的主要原因。将时域数字平滑滤波设计为具有线性相位的 FIR 滤波器,或者基于对称小波进行小波分解并保留适当的高频系数进行重构,是减少滤波后激光目标回波波形失真的有效途径。

5）基于对称小波分解改进 Donoho 阈值处理的小波降噪算法

针对上述低通滤波存在的问题,选取具有对称性质的小波基,可以减小回波信号的小波分解的失真。针对小波分解的高频系数,设定合适的阈值,认为小于该阈值的小波系数由噪声产生而将其去除,大于该阈值的小波系数由信号产生而将其保留或收缩。基于 Donoho 阈值处理的小波降噪可以较好地保留原始信

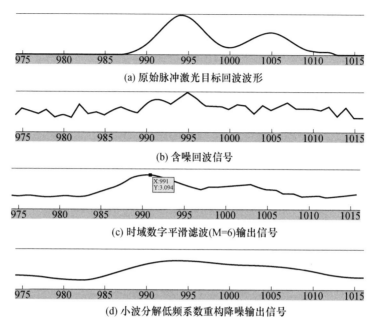

(a) 原始脉冲激光目标回波波形

(b) 含噪回波信号

X:991
Y:3.094

(c) 时域数字平滑滤波(M=6)输出信号

(d) 小波分解低频系数重构降噪输出信号

图 6.52　平滑滤波与低频重构对峰值点位置的影响

号的波形。考虑激光回波信号和噪声的小波变换系数随尺度 j 变化,在固定阈值的基础上,采取随尺度及噪声因子改进的阈值:

$$T_{LW} = \frac{\gamma\sigma\sqrt{2\ln N_j}}{\ln(j+1)} \qquad (6.83)$$

式中:σ 为噪声强度;γ 为噪声调整因子,可根据噪声类型评估进行调整,高斯白噪声时 $\gamma = 1$,非高斯脉冲噪声时 $\gamma < 1$;j 为小波尺度,N_j 为第 j 层信号的长度。当 j 增大时,噪声小波系数减小,阈值也减小。

采用式

$$d'_{j,k} = T_h(d_{j,k}, \lambda) = \begin{cases} 0(|d_{j,k}| < \lambda) \\ d_{j,k}(|d_{j,k}|) \geqslant \lambda \end{cases} \qquad (6.84)$$

对小波分解的高频系数 $d_{j,k}$ 进行阈值处理,再结合全部低频系数 $c_{j,k}$ 实施回波信号重构,可以减小波形的失真,有利于波形峰值点位置的正确提取。

6.4.3.2　基于对称小波降噪及非对称高斯拟合的 TBD 目标精确定位

TBD 提供了 200 帧目标位置的观测数据,可以用于对目标的精确定位。针对单帧回波信号,在对目标距离波门内的回波信号不失真降噪后,可以结合时域阈值处理提取目标波形,进而结合极大值点搜索得到波形的峰值点位置。考虑脉冲激光目标回波波形特性,可采用高采样率数据对峰值点位置的脉冲波形进行非对称高斯脉冲拟合,校正单帧回波中目标峰值点的位置。进一步,利用200帧的 TBD 目标峰值点观测数据进行统计处理,可以改善激光目标的重复定位精度。

需要精确定位的目标波门内的信号为

$$f(k) = s(k) + n(k), k = 1 - N \tag{6.85}$$

式中:$f(k)$ 为含噪声的回波序列;$s(k)$ 为由长度 $L(L<N)$ 的目标波形序列补零得到的 N 点序列;$n(k)$ 为随机高斯白噪声。

目标精确定位步骤如下:(1) 对信号 $f(k)$ 进行离散小波分解,得到小波系数高频部分 $d_{j,k}$ 和低频部分 $c_{j,k}$,尺度 $j=0 \sim J$,序列长度 $k = 1 \sim N$。

(2) 利用改进 Donoho 阈值处理得到的高频小波分解系数 $d'_{j,k}$,结合低频小波系数 $c_{j,k}$ 重构时域目标回波波形 $f'(k)$。

(3) 针对小波降噪后时域序列 $f'(k)$,结合时域阈值比较,得到目标波形序列 $s'(k-i)$,其中 $i = N_0 \sim N_0 + L'$。$s'(k-N_0)$ 为目标波形的起点,序列长度为 L' 点。回波信号噪声状况可通过选取噪声数据样本计算其 RMS 加以评估,即

$$T_{\mathrm{TD}} = a \times \mathrm{RMS} = a \sqrt{\frac{1}{N} \sum_{k=1}^{N} (n(k) - \bar{n})^2} \tag{6.86}$$

式中:a 为调整系数,通常可依据虚警率要求取 $2 \sim 5$。

(4) 针对得到的目标波形,按极大值点计算搜索峰值点。

峰值点位置可在时域由差分计算的组合构建检测函数。定义一阶前向差分为 $\Delta f(n)$,一阶后向差分为 $\nabla f(n)$,二阶前向差分为 $\Delta^2 f(n)$,二阶后向差分为 $\nabla^2 f(n)$。若 $n = k \in N$,在 k 的 $\varepsilon > 0$ 邻域内,k 为局部极大值点,则有以下关系成立:

$$\begin{cases} \Delta f(k) < 0 \\ \nabla f(k) < 0 \\ \Delta^2 f(k) < 0 \\ \nabla^2 f(k) > 0 \end{cases} \tag{6.87}$$

$n = k$ 时对应的 $f(k)$ 为序列 $f(n)$ 的一个峰值点,由此可以计算出 $f(n)$ 的所有峰值点及其对应位置。考虑到噪声的影响,设定一个峰值检测门限 T_r,有

$$\begin{cases} f(k) \geqslant T_r \\ \Delta f(k) \nabla f(k) < 0 \\ \Delta^2 f(k) \nabla^2 f(k) < 0 \end{cases} \tag{6.88}$$

(5) 基于非对称高斯脉冲拟合校正单帧目标波形峰值点位置。针对检测到的目标波形序列,结合非高斯脉冲波形的标准差估计 rw、lw 及 W_a,进一步计算修正参数 τ。按照 1GHz 采样率依式(6.81)拟合重构非对称高斯脉冲波形,校正单帧脉冲激光目标回波波形峰值点的位置。

（6）多帧 TBD 目标跟踪回波波形峰值点位置的统计校正。在获取单帧激光目标的峰值点位置后,可以对 TBD 跟踪的多帧峰值点位置加以统计校正。结合移位后的多帧回波波形数据,利用最小二乘法数据统计处理,获得目标峰值点位置的均值。

6.4.3.3　目标精确定位实验

多脉冲激光目标精确定位算法核心在于如何减小波形畸变,因此小波分解基本函数的选择以及算法的降噪性能需要加以仿真验证。开展外场实验可以获取在接近真实应用条件下的数据,对目标精确定位算法的性能加以实验验证。

实验一:激光回波波形不失真降噪的小波基本函数选择。

依照信噪比 1.5 对仿真的高斯脉冲激光目标波形混合高斯白噪声,选择 Db 小波、Sym 小波和 Coif 小波,阶数 $N=4$ 的三种小波基进行正交离散小波分解,分解尺度为 3 级,得到改进 Donoho 阈值处理降噪后的波形。

图 6.53 给出了利用 Db4、Coif4、Sym4 三种小波基对含噪激光目标回波信号进行 Donoho 阈值处理、重构降噪后的波形。可以看出,采用非对称特性的 Db4 小波基时,目标波形峰值点局部波形存在一定畸变失真,峰值点出现较大偏差。选择对称性较好的 Sym4 和 Coif4 小波基本函数降噪后的目标波形失真及峰值点位置偏移较小。

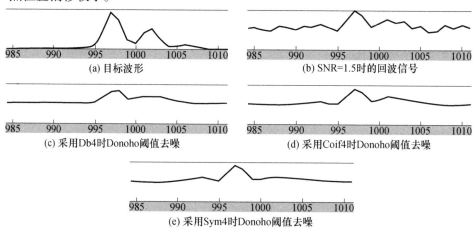

(a) 目标波形　　　　　　　　(b) SNR=1.5时的回波信号

(c) 采用Db4时Donoho阈值去噪　　　(d) 采用Coif4时Donoho阈值去噪

(e) 采用Sym4时Donoho阈值去噪

图 6.53　三种小波基对含噪激光目标回波信号进行 Donoho 阈值处理、重构降噪后的波形

实验二:激光回波降噪性能对比。

多脉冲激光测距机接收的回波波形脉冲宽度为 50ns,依照幅度信噪比 1.5 混合高斯白噪声。采用数字平滑滤波(SF)算法、低频重构小波降噪(LFRD)算法、改进 Donoho 小波降噪(IDTD)算法进行 100 次降噪处理,统计回波信噪比改善增益。

表 6.9 给出了信噪比增益改善的统计结果。可以看出,经三脉冲累加后信

噪比可以改善 1.7 倍。采用窗口宽度为 3 点的平滑滤波,其信噪比改善没有 6 点的效果好。这是因为 $M=6$ 与目标脉冲宽度更为匹配。要指出的是,IDTD 算法由于保留了一部分高频小波系数,信噪比改善没有 LFRD 显著,但 IDTD 降噪后的回波波形峰值点位置更接近真实值。

表 6.9　不同信号处理算法的信噪比增益

算法	Sum(3)	SF($M=3$)	SF($M=6$)	LFRD	IDTD
信噪比增益	1.6	1.9	2.5	4.1	3.5

实验三:室外高塔消光比测试实验 TBD 目标定位。

亚纳秒多脉冲激光目标检测与定位需要开展测距实验。本项目目前处于演示样机的静态测试阶段,尚未在外场试飞主要采用室外消光比测试验证静态目标探测的性能。如图 6.54 所示,试验系统包括光学平台、脉冲激光测距机、大口径光学衰减片、显示控制台等,放置在近场高塔,目标为 4.176km 远的外场高塔,开展消光比测试实验。激光测距机发射 2ns 脉宽 1064nm 激光,脉冲串重复频率为 2Hz,多脉冲间隔 1ms。按照一定倍率(5~50dB)更换衰减片,采集目标距离信息。采用 DSP + FPGA 双核处理器,FPGA 用于回波采集与信噪比积累处理,DSP 负责目标距离检测及精确定位(DSP 同时输出回波信号的幅度信噪比)。

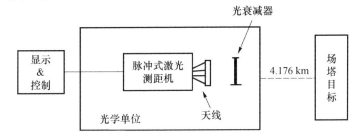

图 6.54　试验系统配置

采用三种降噪算法滤波后直接检测峰值点的位置,与采用 IDTD 降噪后非对称高斯脉冲拟合校正后得到的峰值点位置进行对比。图 6.55 给出了不同算法在不同信噪比下进行 100 次目标检测后的目标定位方差变化曲线。

可以看出:大信噪比时激光目标定位偏差小,各算法的定位精度差别不大;信噪比较低时目标定位偏差逐渐变大,采用对称小波基 IDTD 降噪后检测峰值点的定位精度明显优于数字平滑滤波及低频重构滤波算法;在进行 IDTD 降噪后再利用非对称高斯脉冲拟合对峰值点位置校正后,多脉冲激光目标定位精度改善至 2m 以内。

室外消光比法激光测距实验证明,本节算法可以有效改善低信噪比时目标定位的精度。要指出的是,远程运动目标的机载多脉冲激光测距需要考虑目标距离、运动速度、大气展宽及目标反射展宽等因素。针对动态目标的精确定位问

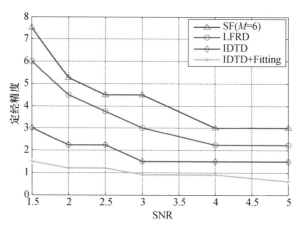

图 6.55　不同算法目标定位方差变化曲线

题,在晴朗、高空条件下利用现有三脉冲激光测距机已经进行了多次外场试飞试验,基于本节算法提取目标波形,结合目标检测过程得到的运动状态、目标波形宽度等信息对非高斯脉冲拟合加以修正及补偿,降低了远程运动目标的定位误差,其性能与静态目标消光比实验结果基本符合。复杂天气条件下,更多发射脉冲个数、更窄发射脉冲宽度的多脉冲体制动态目标精确定位还需要进一步研究。

■ 6.5　多脉冲激光雷达目标波形特征

6.5.1　几何分割比特征

激光目标时域波形的几何分割比定义为峰值点位置对整个波形序列长度的分割比例,这一特征参数体现了飞机目标径向总体的"比例特征"。正如一个人的肚脐以上长度是人体总长的"黄金分割比例",人的膝盖是人的肚脐到脚跟的黄金分割点,就是采用的比例特征。再如,人脸上鼻子对整个脸部的分割比例也是人脸识别的重要特征。针对飞机目标,当人们抬头望向珠海航展上空的飞机时,对飞机型号的直觉认知也往往是从飞机身材比例上进行判断。我国 J - 20 战机修长大气的身材与 J - 31 所具有的灵动小巧的布局比例是明显不同的,即使处于不同姿态,也可"一眼认出"。激光雷达采用非相干直接探测方式,远程目标回波波形受到噪声直接影响较大,但这一目标波形比例特征具备姿态不变性,可以用于与杂波噪声进行分类。

6.5.1.1　激光目标回波波形像

脉冲激光目标回波信号是由工作在线性模式的 APD 光电探测器接收并转

换目标反射脉冲激光功率得到的。脉冲激光雷达接收距离 R 处目标的反射光功率 P_R 可看作发射激光脉冲激励输入大气传播信道,并经由目标反射传播的系统响应。脉冲激光接收光功率可由发射信号、大气信道脉冲响应、目标反射脉冲响应等卷积计算得到:

$$P_R(R) = C_A P_0 \tau_H(R) * h_c(R) * h_\tau(R)$$

$$= \left[\left(\beta \frac{D^2}{\pi R^4 \theta_t^2} \eta_{Atm}^2 \eta_{sys} P_0 \right) \times \frac{c\tau_H}{2} \right] = A_c(R) = K \cdot \tau_H(R) * A_c(R) \quad (6.89)$$

由式(6.89)可以看出,系统和环境参数 K 相对稳定时,距离 R 处目标的激光回波波形由沿入射方向上的激光脉冲光束宽度 τ_H 和激光目标有效反射面积随距离变化的函数 $A_c(R)$ 确定。激光目标波形离散序列 $s(n)$ 可由有限长序列 $\tau(n)$ 和 $A_c(n)$ 线性卷积得到:

$$s(n) = \sum_{k=0}^{\infty} \tau(k) * A_c(n-k) \quad (6.90)$$

假设照射到目标的激光光束脉宽 $\tau_H = 5ns$,由光速可计算对应距离分辨单元 $dR = 0.75m$。发射脉冲光束径向长度为 1.5m,依 dR 可离散为 2 点序列 $\tau(n) = \{1,1\}$。沿径向长度上的激光目标有效反射截面积函数 $A_c(R)$ 也可按照 dR 离散化得到。长度为 15m 的目标可离散化为 20 点序列。脉冲宽度 τ_H 越窄,回波波形像对目标外形特征的映射越清晰。

6.5.1.2　脉冲激光目标回波波形的基本特征

时域脉冲激光目标回波波形的基本特征包括目标波形序列长度、强散射中心等特征等。

1)目标波形序列长度——目标径向尺寸

沿激光入射角度,目标的径向尺寸信息可由目标所在位置提取的回波波形序列总长度表征。回波波形是随姿态起伏的序列,但从总的趋势来分析,目标尺寸具有明显区别于噪声及其他目标的特征。目标波形序列长度与实际目标的径向尺寸、目标姿态(激光入射角度)、发射激光脉冲宽度等因素有关。不同入射角度下波形长度不同,入射角越小的序列,其长度越长。发射脉冲越窄,距离分辨率越高,目标波形序列越长,目标特征分辨越清楚。

2)目标波形强散射中心

目标强散射中心对应于目标激光有效反射面积较大的区域,其数量、散射中心峰值点位置、波形幅度在径向尺寸上的起伏变化等特征反映了目标的总体结构。散射中心是指目标回波波形中的波峰,其数量不随目标姿态的变化而变化。散射中心可由波形中的峰值点来确定。

目标相对载机的径向距离可由最强散射中心峰值点的位置计算得到。机载脉冲激光目标的运动状态,包括目标的位置、速度及加速度等,均可由目标距离导出。

3）波形起伏变化

目标波形的起伏变化一定程度上反映了飞机自身的外形特征,其幅度与一定入射角度的激光有效反射面积变化相关。但当目标距离较远,低信噪比下非相干直接探测方式接收的激光回波波形的起伏变化受到杂波及噪声影响较大。

6.5.1.3　激光目标的几何分割比特征

激光目标基本特征中,强散射中心的数量属于姿态不敏感特征,目标波形序列长度及散射中心波形起伏变化均对目标姿态均存在一定的敏感性。在目标检测和目标识别中,需要具备目标姿态旋转不变特性的特征。

如图 6.56 所示,载机位于 O 点,空中飞机目标由线段 AB 表示,其中 $BT = l_1$,$AT = l_2$。载机激光雷达照射到目标上的反射面积最大处位于 T 点。发射激光的束散角为 Ψ,OT 为目标距离 R,目标平面与 OT 的夹角为 α,CD 为激光光斑的直径 D。

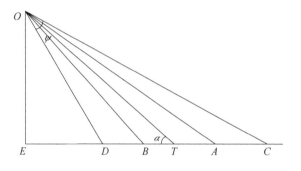

图 6.56　目标姿态示意图

目标上发生反射的尺寸设为 L,由 $D = 2R\tan(\Psi/2)$,束散角 $\Psi = 1\mathrm{mrad}$,则光斑直径 $D = R/1000$。在目标相对载机距离 $R \geqslant 20\mathrm{km}$ 时,光斑直径 D 大于目标尺寸,$L = l_1 + l_2$,此时目标属于远程点目标。可以看出,对于点目标,当激光入射角度发生变化或者目标转动,目标与载机的相对姿态均会发生变化。激光回波信号中目标波形序列长度对应于沿入射方向的目标径向长度,即目标 AB 朝入射方向 OT 的投影为 $BT \cdot \cos\alpha + TA \cdot \cos\alpha$。$T$ 点为激光目标波形最强散射中心峰值点位置。

定义最强散射中心峰值点 T 对目标波形序列 $s(n)$ 的几何分割比为 G,则当与目标姿态相对变化时,有

$$G = \frac{BT \cdot \cos\alpha}{BT \cdot \cos\alpha + TA \cdot \cos\alpha} = \frac{BT}{AB} \tag{6.91}$$

由式(6.91)可见,几何分割比 G 不受姿态影响。目标回波波形序列 $s(n)$ 长度为 N,在整个回波信号序列中的起点为 $s(k_0)$,最强散射中心峰值点位于 $s(k_T)$,则有

$$G = \frac{k_T - k_0}{N} \tag{6.92}$$

已知基于 SBTS – TBD 处理后的积累信号序列 $s(n)$。脉冲激光目标时域波形几何分割比特征提取 GSFE(GeometricSegmentationFeature Extraction)算法的具体步骤如下:

(1) 针对序列 $s(n)$,利用差分组合检测函数进行极大值点搜索。

(2) 找出所有极大值点中幅值最大的峰值点位置 $s(k_T)$,搜索该峰值点附近连续波形序列落在阈值上的起点 $s(k_0)$ 及终点 $s(k_N)$,得到序列长度 N。

(3) 将所确定的峰值点位置及波形序列长度由式(6.92)计算波形。

几何分割比 G 由峰值点位置及目标特征尺寸组合得到,去除了姿态敏感性,其在物理意义上反映了目标最强反射面积在整个几何尺寸上所处的位置。可以看出,几何分割比 G 反映了飞机目标外形径向"身材比例"特征。典型飞机的几何分割比如表 6.10 所列。

表 6.10　典型飞机的几何分割比

Plane	F – 16	J – 10	Su – 30	Rafale	F – 15	F – 22
G	10/15	13/16	16/22	12/15	9/25	8/25

6.5.2　PCA – LDA

PCA(Principal Component Analysis)是一种常用的数据分析方法。PCA 通过线性变换将原始数据变换为一组各维度线性无关的表示,可用于提取数据的主要特征分量,常用于高维数据的降维。

线性判别式分析(LDA)也称为 Fisher 线性判别 FLD,是模式识别的经典算法,它是在 1996 年由 Belhumeur 引入模式识别和人工智能领域的。线性鉴别分析的基本思想是将高维的模式样本投影到最佳鉴别矢量空间,以达到抽取分类信息和压缩特征空间维数的效果,投影后保证模式样本在新的子空间有最大的类间距离和最小的类内距离,即模式在该空间中有最佳的可分离性。因此,它是一种有效的特征抽取方法。使用这种方法能够使投影后模式样本的类间散布矩阵最大,并且同时类内散布矩阵最小。也就是说,它能够保证投影后模式样本在

新的空间中有最小的类内距离和最大的类间距离,即模式在该空间中有最佳的可分离性。

在亚纳秒多脉冲激光目标 TBD 过程中,脉冲激光照射特定型号的飞机目标,不同姿态的激光回波信号可构成一个观测数据集。假设目标是已知的合作目标,如飞行试验飞机,通过采集目标机各个细分姿态的脉冲回波波形数据作为训练数据,先利用 PCA 进行数据降维,同时起到去除噪声的作用,再采用 LDA 提取鉴别特征矢量。

在执行测距任务时,将采集的激光目标回波波形作为测试数据,经 PCA 处理后投影到鉴别特征空间,利用得到的分类结果来判断目标的存在及类别。考虑在训练过程中已经输入目标的多个姿态的回波信息,因此,测试时飞机的姿态变化并未对目标检测造成太大的影响。综上所述,基于目标机飞行训练数据提取的鉴别特征矢量可称为 PCA – LDA 姿态不敏感数据挖掘特征。

1)训练数据 PCA – LDA 鉴别特征矢量提取

已知:训练数据 $T = (x_1, x_2, \cdots, x_n) \in \mathbf{R}^{m \times n}$,这里 $m > n$,X 的每一列代表一个训练样本,共有 c 类飞机数据,其中包括每类飞机的不同飞行姿态数据。鉴别投影矩阵 $K \in \mathbf{R}^{m \times l}$,每个样本投影后的矩阵为 $y_i = K^T x_i \in \mathbf{R}^{l \times 1}$,l 代表 x_i 投影后的维数,$x_i \in X$ 且 $i \in (1, 2, \cdots, n)$ 。

训练数据 PCA – LDA 鉴别特征矢量提取步骤如下:

(1)将每个训练样本拉直为列量,组成训练矩阵 T ,对其进行去白化操作。

(2)计算训练样本集的类内散布矩阵 S_w、类间散布矩阵 S_b 和总体散布矩阵 S_t ,对矩阵 S_t 进行特征值分解,并对特征矢量依据特征值的大小进行降序排列。选取前 $N - c$ 个特征矢量组成投影矩阵 W_{pca}。

(3)将类间和类内散布矩阵投影到 W_{pca} 空间进行降维处理,降维后的矩阵分别为 $S_{tb} = W_{pca}^T S_b W_{pca}$ 和 $S_{tw} = W_{pca}^T S_w W_{pca}$ 。

(4)借助 $(S_{tw})^{-1} S_{tb}$ 进行特征值分解,对求到的特征矢量进行降序排列,求取最优鉴别子空间 W_{lda}^T 。

(5)结合 PCA 运算过程,可以得到鉴别投影矩阵 $K = W_{lda}^T W_{pca}^T$,即为 PCA – LDA 数据挖掘姿态不敏感特征。

2)基于 PCA – LDA 特征分类的脉冲激光目标检测

目标检测的过程可以看作将测试样本向鉴别特征空间投影并分类识别的过程。PCA – LDA 分类识别通常适用于大信噪比场合,因此采取直接降噪后识别。当对于某一训练过的飞机型号的测试样本的识别率大于 0.5,认为该次识别检测是有效的。

已知鉴别投影矩阵 $K = W_{lda}^T W_{pca}^T$ 。基于 PCA – LDA 鉴别特征量的目标分类算法步骤如下:

（1）对输入的单帧回波信号进行改进 Donoho 小波降噪处理。

（2）对降噪后的回波数据去白化后作为测试样本。

（3）将测试样本投影到鉴别投影矩阵 $K = W_{lda}^T W_{pca}^T$，得到鉴别特征。

（4）选择最近邻分类器，借助提取到的鉴别特征对测试样本进行分类，得到单帧回波的识别结果。

（5）对目标跟踪过程中多帧回波测试样本的识别结果加以统计，作为是否"属于"（检测到目标）训练库中已知某目标的判决依据。

6.6　本章小结

本章首先研究在低信噪比下基于 DBT 方法对激光目标实施实时检测。通过对单帧回波信号积累及数字滤波提高信噪比，再设置阈值检测出潜在目标，并利用目标回波的多帧相关性判决检测真实目标，然后实施跟踪。目标的精确位置可以通过对目标回波脉冲峰值点的估计得到。

总的来看，激光目标回波信噪比在大于 2 时可采用时域积累与数字差分平滑滤波算法，在 50Hz 的高脉冲重复频率下实时检测目标。随着信噪比下降，采用时域处理算法检测性能降低，可降低脉冲重复频率至 20Hz 以下采用小波重构低通滤波算法对 SNR ≥ 1.3 的目标进行实时检测。

接着讨论了采用 TBD 方法进行激光弱目标检测的可行性。之后，对多帧组合激光回波组成的距离像进行预处理，以降低输入航迹跟踪算法的数据量。其中，结合高采样率激光目标回波的宽度特征提出下采样预处理方法，不仅剔除了大量的单点高频噪声，也解决了低速目标在参数空间的捕获问题。接着，提出基于经典 Hough 变换的目标航迹跟踪算法，通过对多帧回波距离像数据进行 Hough 变换跟踪出目标的航迹，实现了对信噪比低于 1 的激光弱目标的检测。针对经典 Hough 变换在参数空间映射方法存在无效映射及批处理投票缺乏实时性等问题，提出了依据空中目标速度约束条件选取样本进行收敛映射、移动投票的 CMRV - HT 检测算法。仿真实验结果表明，改进目标航迹检测算法在 SNR ≥ 0.7 时都具有较好的检测概率。算法目标捕获时间因信噪比不同而不同，信噪比大时可以迅速捕获目标，信噪比低时则以时间换取检测概率。

总的来看，基于 TBD 的目标检测算法可以在 SNR ≥ 0.7 的低信噪比下实现目标检测，进一步降低了目标检测信噪比。这对于增强多脉冲激光雷达的作用距离有着重要的理论和实践指导意义。

针对利用单帧激光回波信号实施目标精确定位的问题，提出了基于对称小波基改进 Donoho 小波降噪提取目标波形，再由非对称高斯脉冲拟合校正的算法提取峰值点位置的算法。采用高塔消光比测试实验验证了静态目标的定位性能;算法应用于外场试飞的三脉冲激光测距机开展动态目标定位,试飞结果验证了算法改善目标定位精度的有效性。针对 TBD 多脉冲目标检测,可采用多帧结果统计进一步改进重复定位精度。

最后针对多脉冲激光目标回波波形,提出了时域波形几何分割比、数据域 PCA – LDA 鉴别特征矢量两类姿态不敏感特征,从波形强散射点位置对飞机目标径向尺寸的分割比例,以及有监督目标分类的角度反映目标波形与特征的内在联系。针对非平稳环境下目标检测健壮性的改善问题,研究提出基于目标姿态不敏感特征与航迹运动特征数据关联的多脉冲串重复周期目标 TBD 检测机制。实验表明,由波形自适应检测、目标姿态不敏感特征提取、目标特征数据关联等算法组成的基于特征积累的 TBD 检测机制能够有效应对非平稳环境下目标快速捕获及稳定检测问题。

参考文献

[1] Cheng Pengfei. Research on Key Technologies of high dynamic range and high precision laser ranging [D]. Shanghai:Graduate University of Chinese Academy of Sciences(Shanghai Institute of Technical Physics),2014:86 – 108.

[2] Wang Dan,Zhao Xin,Zhou Yonggang,et al. Research on filtering algorithm based on laser ranging system [J]. Laser and Optoelectronics Progress,2016,53(10):139 – 144.

[3] Carlson B D,Evans E D,Wilson SL. Search radar detection and track with the Hough transform. I. system concept[J]. Aerospace & Electronic Systems IEEE Transactions on,1994,30 (1):102 – 108.

[4] 于洪波,王国宏,张仲凯. 基于抛物线随机 Hough 变换的机载脉冲多普勒雷达机动弱目标检测前跟踪方法[J]. 兵工学报,2015,36(10):1924 – 1932.

[5] 马鹏阁,齐林,羊毅,等. 机载多脉冲激光雷达作用距离增强算法[J]. 红外与激光工程,2011,12:2540 – 2545.

[6] 许立波,王杰,马鹏阁,等. 低信噪比下基于收敛映射 Hough 变换的激光目标检测算法研究[J]. 电光与控制,2014,21(4):38 – 42.

[7] Hobbs D S,MacLeod B D. High laser damage threshold surface relief micro-structures for anti-reflection applications[J]. Proceedings of SPIE-The International Society for Optical Engineering,2007,6720.

[8] Ďurák M,Velpula P K,Kramer D,et al. Laser-induced damage threshold tests of ultrafast multilayer dielectric coatings in various environmental conditions relevant for operation of ELI beamlines laser systems [J]. Optical Engineering,2017,56(1):011024.

[9] Piens D S,Kelly S T,Harder T H,et al. Measuring mass-based hygroscopicity of atmospheric particles through in situ Imaging [J]. Environmental Science & Technology,2016,50 (10):5172.

［10］Richmond R D. Direct-Detection LADAR Systems ［M］. Direct-detection LADAR systems. SPIE Press,2010.

［11］Sassen K. Lidar backscatter depolarization technique for cloud and aerosol research［J］. Light Scattering by Nonspherical Particles Theory Measurements & Applications,2000.

［12］Grant R. Review of US stealth aircraft［J］. International Aviation,2009.

［13］Zhao Yanzeng,Lea T K,Schotland R M. Correction function for the lidar equation and some techniques for incoherent CO_2 lidar data reduction［J］. Applied Optics,1988,27(13):2730 – 40.

主要符号表

$\boldsymbol{A}$	矢量位函数
$\boldsymbol{B}$	磁感应强度
$\bar{\bar{\boldsymbol{D}}}$	并矢绕射系数
$\boldsymbol{D}$	电位移矢量
$\boldsymbol{E}^{\mathrm{i}}$	入射场电场强度
$\boldsymbol{E}^{\mathrm{s}}$	散射场电场强度
$\boldsymbol{E}$	电场强度
$\boldsymbol{H}^{\mathrm{i}}$	入射场磁场强度
$\boldsymbol{H}^{\mathrm{s}}$	散射场磁场强度
$\boldsymbol{H}$	磁场强度
$\boldsymbol{I}$	惯量矩阵
$\boldsymbol{J}(\boldsymbol{x},t)$	目标表面上的位置 x 处于 t 时刻产生感应电流
$\boldsymbol{J}$	导电媒质中的电流密度
$\boldsymbol{k}$	波数
$\boldsymbol{n}$	媒质交界面法向分量
$\boldsymbol{R}$	场点和源点的相对位置矢量
$\check{\boldsymbol{R}}$	场点和源点的相对位置方向矢量
$\check{\boldsymbol{r}}$	原点 O 指向场点的单位矢量
$\boldsymbol{r}$	位置矢量
$\boldsymbol{S}$	极化散射矩阵
t	时间
ε	媒质的介电常量
$\hat{\boldsymbol{\varphi}}$	方位方向的单位矢量
$\check{\boldsymbol{\theta}}$	俯仰方向的单位矢量

μ	媒质的磁导率
ρ	自由电荷的体密度
σ	媒质的电导率
$\boldsymbol{\omega}$	角频率,瞬时角速度矢量

缩略语

AQ	Active Quenching	主动淬灭
AT	Atmospheric Transmittance	大气透过率
AV	Avalanche Voltage	雪崩电压
BL	Background Light	背景光
BNPN	Background Noise Photon Number	背景噪声光子数
CA	Coherent Accumulation	相参积累
CFAR	Constant False Alarm Rate	恒虚警率
CM	Converging Mapping	收敛映射
CMRV-HT	Converging Mapping and Running Voting Hough Transform	移动投票进行目标航迹检测
CWT	Continuous Wavelet Transform	连续小波变换
DAC	Digital to Analog Converter	数/模转换器
DBT	Detect Before Track	先检测后跟踪
DC	Dark Count	暗计数
DT	Dead Time	死时间
DDR	Double Data Rate	双倍速率
DF	Distribution Free	自由分布
DM	Diverging Mapping	发散映射
DN	Dark Noise	暗噪声
DP	Dynamic Programming	动态规划
DSP	Digital Signal Processing	数字信号处理器
EPN	Echo Photon Number	回波光子数
ES	Exhaustive Search	穷举搜索
EV	Excess Volatge	过偏压
FAR	False Alarm Rate	虚警率

FDR	False Dicovery Rate	错判率
FLD	Fisher Linear Discriminant	Fisher 线性判别
FPGA	Field Programmable Gate Array	可编程门阵列
GAPD	Geiger – mode Avalanche Photon Diode	盖格模式的雪崩光电二极管
GM	Geiger Mode	盖革模式
GQ	Gating Quenching	门控淬灭
GS	Geometric Segmentation	几何分割比
HFLST	High Frequency Laser Source Technology	高重频激光源技术
HSDSPT	High Speed Digital Signal Processing Technology	高速数字信号处理技术
HT	Hough Transform	Hough 变换
IDTD	Improved Donoho Thresholding Denoising	改进 Donoho 小波降噪
LBA	Laser Beam Angle	激光束散角
LCS	Laser Cross Section	激光目标截面积
LDA	Linear Discriminant Analysis	线性判别式分析
LM	Linear Mode	线性模式
LFRD	Low Frequency Reconstruction Denoising	低频重构小波降噪
LRT	Likelihood Ratio Test	似然比检验
MRC	Mean Reflection Coefficient	平均反射系数
NA	Noncoherent Accumulation	非相参积累
NEP	Noise-equivalent Power	噪声等效光子水平
OCM	On Chip Memory	片上存储
PC	Photoelectric Conversion	光电转换
PCA	Principal Component Analysis	主成分分析
PDE	Photon Detection Efficiency	量子探测效率
PE	Photoelectric Effect	光电效应
PMF	Probability Mass Function	概率质量函数
PMT	Photomultiplier Tube	光电倍增管
PP	Primary Photoelectron	初级光电子
PP	Postpulse Probability	后脉冲概率
PQ	Passive Quenching	被动淬灭
RMS	Root Mean Square	均方根

RHT	Randomized Hough Transform	随机 Hough 变换
RV	Running Voting	移动投票
SF	Spectral Filter	光谱滤波
SPD	Single Photon Detector	单光子探测器
SPDT	Single Photon Detection Technology	单光子探测技术
SPAD	Single Photon Avalanche Diode	单光子雪崩二极管
STAP	Space-time Adaptive Processing	空时自适应雷达
TBD	Track Before Detect	先跟踪后检测
TIA	Transimpedance Amplifier	前置放大器
TR	The Responsivity	响应度
TNN	The Neural Network	神经网络
TCSPC	Time-correlated Single-photon Counting	时间相关光子计数法
VA	Voltage Amplifier	电压放大器